人工智能与新型电力系统

基于人工智能的新型配电网故障诊断

罗国敏　王小君　尚博阳　著

科学出版社

北　京

内 容 简 介

本书在总结和整理近年来科研项目研究成果的基础上，结合新型电力系统研究热点和关键问题，有针对性地分析和调研现有人工智能技术在配电网故障诊断中的应用现状、难点和解决方法，为电力系统研究、从业人员提供理论和技术支撑。本书包括配电网故障诊断概述、故障检测与辨识方法、故障选线与定位方法等，覆盖了配电网故障诊断的不同领域，内容涵盖全面，技术剖析深入，能较好地为相关领域从业人员提供参考。

本书可为电力系统保护和故障分析领域的研究人员、工程技术人员以及电力相关专业的本科生、研究生提供技术参考。

图书在版编目（CIP）数据

基于人工智能的新型配电网故障诊断 / 罗国敏, 王小君, 尚博阳著. 北京 : 科学出版社, 2025. 6. -- (人工智能与新型电力系统). -- ISBN 978-7-03-081873-7

I. TM727-39

中国国家版本馆 CIP 数据核字第 2025CV6509 号

责任编辑：叶苏苏　武雯雯/责任校对：彭　映
责任印制：罗　科/封面设计：义和文创

科学出版社 出版
北京东黄城根北街 16 号
邮政编码：100717
http://www.sciencep.com
四川煤田地质制图印务有限责任公司印刷
科学出版社发行　各地新华书店经销
*
2025 年 6 月第　一　版　开本：787×1092　1/16
2025 年 6 月第一次印刷　印张：9
字数：214 000
定价：98.00 元
（如有印装质量问题，我社负责调换）

人工智能与新型电力系统
编　委　会

序

新型电力系统是实现能源转型的重要载体。随着全球能源转型发展进程步入关键期，电力行业数字化、网络化、智能化水平发展迅速，人工智能成为主导新一轮能源产业链变革、加速构建新型电力系统和新型能源体系的重要引擎。

为构建新型电力系统，国家发展改革委、国家能源局、国家数据局联合印发的《加快构建新型电力系统行动方案（2024—2027 年）》指出，切实落实“四个革命、一个合作”能源安全新战略，围绕规划建设新型能源体系、加快构建新型电力系统的总目标，重点开展布局电力系统稳定保障、智慧化调度体系建设等 9 项专项行动。在此背景下，将人工智能贯穿于电力系统发—输—配—用—调等环节建设的紧迫需求日益凸显。国内外大量研究工作也证实，依托人工智能卓越的数据处理能力、自主学习能力与辅助决策能力，可以显著增强电力系统运营过程灵活性、智能性和开放性，实现电能生产、运营与营销过程降本增效、扩圈强链。

当下，以国家能源政策为牵引，以企业供能、用户用能实际诉求为导向，总结提炼人工智能赋能电力系统关键领域的前沿研究进展，供电力作业人员与高校单位交流尤为必要。秉持该使命，我们也一直密切关注，见证了“人工智能与新型电力系统”丛书从策划、启动、交稿到出版的全过程。

本套丛书汇集了国内高校和企业近百位专家构成的高水平编写队伍，从创意萌芽、丛书框架研讨到外部专家反复论证，历经数年攻关，形成了以人工智能赋能电力系统垂直场景为鲜明特色的高质量科学技术论著。本套丛书细致梳理了先进人工智能在电力系统控制、规划、调度、预测、故障诊断与多能融合等关键领域的基本概念、技术原理与应用场景。本套丛书图文并茂、内容翔实、应用场景明确，符合当前国家能源转型核心需求。在此，对编写团队表达由衷的祝贺和诚挚的感谢。

本套丛书既是一套有深度的理论专著，又是一套极具实用价值的参考书，具有极高的阅研和实用价值，凝聚了编写团队的心血。它的出版发行，将有助于推动国内人工智能理论及技术在电力系统领域的跨越式发展。

程时杰　黄　琦　胡维昊

2025 年 6 月

前　言

配电网作为直接面向用户的关键环节，其运行状态直接影响用户的用电体验以及社会生产生活的正常秩序。随着“双碳”目标的提出，越来越多的新能源、电力电子设备在配电网中广泛应用，新型配电网的结构和运行特性变得极为复杂，这给故障诊断工作带来了诸多棘手难题。首先，分布式能源的间歇性和不确定性接入，使得配电网的潮流分布更加复杂多变，传统的基于单向稳态潮流分析的故障诊断方法难以适用。其次，大量电力电子设备的使用产生了丰富的谐波、多变的故障特性，干扰了故障特征信号的提取，增加了故障诊断的难度。再者，配电网节点众多、拓扑结构复杂多变，在故障发生时，要快速准确地定位故障位置和类型，对传统诊断方法的计算速度和精度是极大的挑战。

在此背景下，新一代人工智能技术的崛起为新型配电网故障诊断带来了曙光。人工智能技术具有强大的自学习、自适应和模式识别能力，能够处理海量、复杂且具有不确定性的数据。例如，在特征提取方面，深度学习算法可以自动从大量的电力数据中提取有效的故障特征，无须人工进行复杂的特征工程；在模型泛化方面，机器学习算法能够根据不同的运行工况和故障场景，自适应地调整诊断模型，提高诊断的准确性和可靠性等。利用这些技术，可以有效解决新型配电网故障诊断中面临的难题，实现故障的快速、精准诊断，保障配电网的安全稳定运行。

从相关书籍的现状来看，目前市面上关于新型配电网故障诊断的书籍虽然不少，但将新一代人工智能技术深度融合并进行系统阐述的书籍相对匮乏。部分书籍仅简单提及人工智能在配电网故障诊断中的应用，缺乏深入的理论分析和算例验证研究；一些书籍侧重于传统的故障诊断方法，未能充分体现新一代人工智能技术的优势和潜力。本书系统且全面地阐述基于新一代人工智能技术的新型配电网故障诊断的理论、方法与应用，为电力领域的研究人员和技术人员提供参考。

本书的撰写汇聚了众多研究人员的智慧与心血。其中，谭颖捷、杨雪凤、张永杰、刘畅宇等研究人员提供了大量的文字材料。全书由罗国敏、王小君审阅、修改和统稿，尚博阳负责整理。此外，张一帆和茹嘉昕也参与了本书的部分工作，在此一并向他们的辛勤付出表示感谢。

我们衷心希望本书能够为电力系统故障诊断领域的科研人员开拓新的研究思路，

为电力工程师在实际工作中攻克配电网故障诊断难题提供有力的技术支撑，激发他们对电力系统智能化发展的探索热情。

尽管本书内容历经多次讨论、修改，但由于作者水平有限，书中难免存在不足，诚望广大读者不吝赐教，以便我们在后续研究和实践中不断完善。

罗国敏

2025 年 3 月

目　　录

第1章　新型配电网故障诊断概述

1.1 引　　言

自我国明确提出“双碳”目标，各行业部门积极推动能源体系向绿色、低碳、可持续方向转变，诸多政策文件相继出台，为能源转型与“双碳”目标实现提供保障与指引，促使能源行业在技术创新、结构调整等方面不断探索[1, 2]。其中，电力作为清洁、高效的二次能源，必将以核心身份之一在现代能源体系的建设中扮演重要角色[3, 4]。保障电力和电网的安全稳定输送与运行，是“双碳”目标启航阶段关键时期电力行业的重大历史使命。为此，国家能源局在2021年底印发了《电力安全生产“十四五”行动计划》，明确指出到2025年底，电力安全治理体系基本完善，治理能力现代化水平明显提升[5]，在能源消费增长迅猛的窗口期和能源发展的新阶段，消除风险隐患，保障电力安全发展。配电网作为面向用户的电能输送平台，负责从电源侧（输电网、发电设施、分布式电源等）接收电能，通过配电设施就地或逐级分配给各类用户，是推动可再生能源大力发展、提高电能在终端消费占比等方面的核心载体[6, 7]。因此，进一步提升配电网保护水平已然成了支撑新型配电网建设的关键任务之一。

传统配电网中故障的诊断与清除大量依赖逐级跳闸与人工拉路选线的方式，导致故障引起的停电范围广、时间长。由于我国长期以来对电力系统“重发输、轻配用”的发展模式，配电侧可视化与自动化水平有着明显短板。自国家能源局发布和实施《配电网建设改造行动计划（2015—2020 年）》以来，配电网运行监测、控制能力明显提高，自动化建设显著加快，同时，配电通信网也进行了同步的规划与建设，预计配电自动化覆盖率和配电通信网覆盖率分别从2014年的20%和40%提升到90%和95%[8]。目前，随着改造建设各级配电网的稳步推进，其故障诊断、定位和隔离时间不断缩短，供电可靠性得到了显著改善，但在智能化、数字化水平日益提升的大背景下，如何利用海量数据信息实现配电网快速、可靠的故障诊断与定位成了未来配电网发展的一个重要课题[9]。

在目前的配电网故障保护中，以三相故障、两相故障和中性点有效接地方式下的单相接地故障为主的大电流接地故障因故障电流变化显著，可在现有保护中有效识别并动作，故障诊断的准确性和可靠性只与配电自动化建设水平有关。但是，中性点不接地与经消弧线圈接地方式下的小电流单相接地故障（统称为小电流故障）以及经弱导电性复杂介质接地的高阻故障，因其故障电流小、故障特征微弱，往往难以达到保护动作阈值，但在带电运行过程中，弱特征故障会影响设备寿命，引起火灾甚至人身伤害等风险，并逐步发展为两相故障和多相故障，成为重大事件或事故隐患，造成严重损失[9-13]。因此，2017 年国家电网有限公司发布的《配电网技术导则》（Q/GDW 10370—2016）中将小电流接地故障从传统的“持续运行两小时”改为躲过瞬时接地故障后快速就近隔离故障原则[14]；在《电力安全生产“十四五”行动计划》中，电力安全事故与电力安全事件也成了关键指标，要求分别达到五年总起数≤3 起和五年平均起数≤4 起。可以看出，我国对配电网保护的要求正不断提升，快速有效的弱特征故障诊断成了进一步提升保护水平的关键。

与此同时，配电网发展建设呈现出了明显的数字化与智能化趋势，国家能源局发布的《配电网规划设计技术导则》（DL/T 5729—2023）中，对配电网的智能化建设提出了基本要求，包括智能终端、配电通信网、配电网业务系统、信息安全防护等多个方面，并对边缘智能终端装置、故障下自动化系统智能处理等方面进行了补充说明[15]，逐步对未来新型配电网的软硬件环境进行布局完善。结合近年来云计算、边缘智能、工业物联网的高速发展，国家电网提出的泛在电力物联网雏形正不断形成，南方电网规划的“数字南网”也在持续建设并成立了南方电网数字电网研究院股份有限公司。我国电网处于数字化升级转型过程中，如何合理建设电力系统大数据、多信息的交互管理平台，形成有效的数字应用方式，是新时代电网面临的一大挑战[16-21]。

综上可知，在“双碳”目标启航、强抓电力安全、配电网升级转型的重要阶段，结合配网自动化的快速发展机遇，研究基于数据驱动、结合云计算和边缘智能协同的配电网弱特征故障诊断方法，能进一步提升配电网的安全可靠运行水平，保障新型电力系统的现代化建设，同时以配电网故障诊断为切入点对电力领域的数字化、智能化建设进行探索，具有很强的现实意义。

1.2 配电网故障诊断理论与方法

在配电网中，故障诊断是一个相对宽泛的概念，广义上讲，包括从故障发生时的故障检测到故障的选线以及区段定位等，整个过程均可看作故障诊断的范畴，差异在于故障诊断的针对对象和精度范围。对于配电网弱特征故障诊断问题，虽然小电流接地故障和高阻接地故障（high impedance fault，HIF）有着不同的故障特征形态，但按照原理不同，可将配电网弱特征故障诊断方法分为基于物理表征、基于数学变换和基于数据驱动三种类型。其中，基于物理表征的故障诊断方法主要通过对相关物理量特征的建模分析和差异性描述实现故障诊断；基于数学变换的故障诊断方法通过各类非线性变换提取和增强故障特征进而实现故障诊断；基于数据驱动的故障诊断方法则是利用历史数据学习生成某种特定的分类或回归模型达到诊断的目的。下面将对这三类弱特征故障诊断方法的研究现状进行分析。

1.2.1 基于物理表征的故障诊断方法

对配电网弱特征故障通过物理模型还原、电气关系推导、波形行为刻画等方式进行表征区分进而实现诊断的方法称为基于物理表征的故障诊断方法，其具有机理清晰、特异性强的特点。

在小电流接地故障方面，从稳态量利用角度出发，中性点不接地系统的小电流接地故障利用对称分量法转化为序网络，非故障线路零序电流为线路本身的对地电容电流，方向由母线流向线路，故障线路零序电流数值为其他非故障线路的对地电容电流之和，方向由线路流向母线，与非故障线路相反；中性点经消弧线圈接地的小电流接地故障受补偿方式影响，故障线路的零序电流与补偿的电感电流有关。基于该原理，开发出了零序电流比幅法、比相法和比幅比相法几种典型方法。单纯比幅法无法区分母线故障；比相法虽灵敏度相对较高，但在经消弧线圈接地的配电网中常用的过补偿方式下无法适用；比幅比相法结合两种方法准确度有所提升，但在采用消弧线圈完全补偿时无法判别，且在电流互感器不平衡电流的影响下无法进行有效选线[22, 23]。此外，利用功率进行小电流故障诊断也是一类基于稳态量的常见方法，包括零序有功功率法[24]、零序无功功率方向法[25]等。零序有功功率法分量比例小，在实际中存在提取困难的问题，而零序无功功率方向法与电压电流比相法同样受消弧线圈补偿的影响，难以适用于过补偿方式下的小电流故障诊断。除利用零序电流和零序功率以外，还有基于五次谐波分量[26]的小电流故障诊断方法，但由于五次谐波分量幅值小且不稳定，在实际应用中已被逐步放弃；也有学者专门针对配电网三相不对称问题，提出了基于三相电压幅值信息的故障相识别方法[27, 28]。

由于小电流故障发生引起的稳定量变化小，一类通过外加设备配合或特定信号注入并利用带来的附加信号进行诊断的主动式稳态量法被提出。其中，中电阻法[29]、残留增量法[30]等通过在永久接地故障情况下在配电网中性点投入适中阻值的接地中电阻、改为自动随调控制消弧线圈等方式，产生额外的附加电流实现故障诊断，随着电力电子技术的发展，该类方法逐步演变为将高可控性变换器应用于接地线路中的柔性接地技术来提升配电网稳定运行水平[31]；特定信号注入法包括间谐波注入法、S 信号注入法等，利用注入信号引起的故障特征量或其他特异耦合量变化进行诊断[32, 33]。但主动式稳态量方法只适用于永久性故障，对于间歇性故障或含有不稳定电弧的故障无法适用，且易对运行安全性造成影响，实际应用仍有待进一步研发。

在小电流故障情况下，故障暂态量相较于稳态量而言特征差异更为明显且受消弧线圈影响小，因此，基于暂态量利用的诊断方法往往更具灵敏性和可靠性的优势。其中，首半波法、暂态零模电流极性法、暂态无功功率方向法、暂态零序电流群体比幅比相法等是几种典型的诊断方法[22]。首半波法[34]是利用第一个暂态半波内暂态零模电压与非故障线路零模电流极性相同，但与故障线路零模电流极性相反的原理进行故障判别，但受电网参数对暂态频率的影响，该极性关系成立的时间较短，往往只有不到 1 ms 的时间区段，实际中诊断实现较为困难。暂态零模电流极性法的原理是检测线路上暂态零模电流与零模电压导数的极性关系，利用故障线路上始终反极性而非故障线路上为同极性的差异进行诊断，能有效弥补首半波法适用时段的缺陷。暂态无功功率方向法与暂态零模电流极性法原理类似，利用的是暂态无功功率在线路上的流向进行诊断。而暂态零序电流群体比幅比相法比较各出线暂态零模电流幅值或极性关系从而进行判别，通过故障线路与其余非故障线路上的差异进行诊断，适用于两条出线以上的配电网结构[35, 36]。为提升适用性，综合多种暂态量也是应用中一种有效的方式[37, 38]。在对典型故障暂态量分析的基础上，多种基于其他暂态量关系的方法也不断被提出，如基于暂态能量提出了零序电流首容性分量能量法，通过辨识暂态零序电流的首容性频段区分故障[39, 40]；通过多时态下的矢量关系提出了三相增量电流法，利用暂态下增量电流特征关系确定故障[41]；利用小电流接地系统暂态电流频率特性，提出了暂态高频分量法，利用相对熵系数矩阵辨识故障线路[42]；利用故障点上下游同侧暂态波形相似度高的特点，提出了暂态零模电流相关性法[43]、暂态零序电流幅值分布相似性法[44]、暂态功率-余弦相似性法[45]和互近似熵法[46]等，通过相似性差异确定故障区段。在暂稳态量结合的基础上，提出了电流-电压导数线性度关系法[47]、暂态分界法[48]等，通过暂稳态分量结合分析实现故障选线。此外，还有一类基于行波的故障诊断方法，利用故障初始电流行波的折反射形成的暂态信号进行判别，其原理与暂态电流法类似，可以构造基于行波的比幅、比相等诊断方法[49-51]，但由于配电网出线线路长度较短，电气关系成立的持续时间往往在微秒级，同时需要专门配置额外的行波板卡，在实用性和经济性方面略逊于其他暂态量方法。

对于配电网高阻故障，由于不同的中性点接地方式、接地介质材料、含水量等因素的影响，其故障特征复杂，往往呈现电弧特性并伴随大量随机性波动和特征畸变[10, 52, 53]，需要对故障本身进行建模并结合电网进行特定分析，根据侧重点不同，可将基于物理表征的配电网高阻故障诊断方法分为中性点接地方式敏感型、高阻接地介质敏感型和电弧畸变特征敏感型。中性点接地方式敏感型主要通过在某种特定中性点接地方式下分析高阻接地故障引起的电气量特征变化进行故障诊断，主要针对中性点经小电阻接地[54-61]、中性点不接地[62-66]和中性点经消弧线圈接地[67-78]等接地方式下的配电网，从暂态角度分析，在中性点经小电阻接地系统和中性点不接地系统中，零序电压与零序电流由随着接地阻抗变化的稳态正弦分量和衰减的直流分量组成，经小电阻接地系统相较于不接地系统具有更大的衰减系数，暂态过程更短，且暂态过程的出现与故障初相角有关。在中性点经消弧线圈接地系统中，由于补偿方式的不同，过补偿情况下暂态电压和电流为衰减的直流分量，而在欠补偿情况下为衰减的交流分量，衰减过程同样受过渡电阻的影响[12]。对于稳态量特征，由于配电网中的高阻接地故障阻值可达几百欧到数十千欧，故障电流往往只有数安培，直接利用零序电压、零序电流等特征值电气关系的诊断方法可靠接地阻抗范围有限（通常在 1000 Ω 以内），且易受三相不平衡和其他扰动的影响[62, 79, 80]。因此在不同接地方式下经其他特异性特征量判别是该类型诊断方法的研究重点，典型的有如小电阻接地系统下的零序电压幅值修正零序电流差动法[54]、零序电流中性线投影法[55, 59]、综合内积值法[57]，不接地系统下的高频谐波法[63]、功率因数突变法[62]，以及谐振接地系统下的谐波群体比相法[71]、五次谐波法[72]、暂态电流投影法[70, 77]、相电压极化量方向法[68]、零序阻抗突变特征法[69]等。此外，还有基于信号注入法[81, 82]和行波法[50, 83]等相关研究。高阻接地介质敏感型主要针对某种特定接地介质进行故障建模与分析以达到故障诊断的目的，典型的有经树木接地[84, 85]、经水下电缆接地[86]、经生物体接地[87]等，通过对不同接地介质特性进行具体的阻抗特征和电弧特性模型分析，能有效地提升针对特定类型高阻接地故障情况的诊断效率。电弧畸变特征敏感型主要根据电弧特性刻画和由电弧引起的特异性畸变描述来对高阻接地故障进行判别，主要包括在时频域上电弧过零畸变、不对称畸变、间歇性燃熄弧等特性的特定表征，是针对弧光高阻接地故障的一类专门判别方法。根据弧光高阻接地故障时伏安特性曲线在故障线路呈阻性畸变、非故障线路呈容性畸变的特征，提出基于高阻接地故障伏安特性畸变的高阻接地故障诊断方法[88-93]。基于混沌思想的相空间重构能构建反映故障电流非线性变化过程的相平面重构轨迹，可依据电弧引起的形态坍塌差异实现高阻接地故障的判别[94]；依据对故障电流波形畸变形态、位置、程度等特征的描述分析，形成了一类基于波形畸变的高阻接地故障诊断方法，具有更高的检测灵敏性[11, 95-99]。但由于电弧过程的复杂性和随机性影响，根据单一特征量的高阻接地故障诊断在实际应用中的泛化能力有待验证。

1.2.2　基于数学变换的故障诊断方法

为进一步增强故障特征的差异性，提升故障诊断方法的泛化能力，形成了一类基于数学变换的弱特征故障诊断方法。该类方法通过应用和结合不同的数学变换方式对故障非线性特征进行表达，进而通过差异描述达到故障诊断的目的。应用于配电网故障诊断中的典型数学变换方法为各类域变换，其中，以傅里叶变换[100]、小波变换[101-106]、S 变换[107]等为主的基于基函数进行分解的时频域变换方法通过挖掘信号中的时频特性信息进行故障诊断，而小波变换因其对突变信息表达灵活的特点，又衍生出其他基于经验小波变换[108]、小波能量矩[109]等算法的故障诊断方法。以经验模态分解[110, 111]、变分模态分解[112-114]等为主的模态分解法通过自适应分解得到故障信号的本征模态分量，通过该时频特征的描述差异或进一步通过希尔伯特-黄变换[115-118]、Teager 能量算子[119, 120]等来求解瞬时频率特征表达变化，以实现弱特征故障判别的目的。此外，还有一类基于数学形态学的数学变换方法，通过预定义结构对信号进行腐蚀和膨胀、开运算和闭运算的组合处理以提取关键细节信息，通过变换后的特征差异进行弱特征的故障诊断[121, 122]。除根据某类变换后单一特征值诊断的方法以外，也有学者利用特征选择联合多特征值来提升故障诊断算法的可靠性[123, 124]。

在基于数学变换的弱特征故障诊断方法中，仍要先从故障引起的电气量或物理量表征入手，且往往是针对故障电压或电流波形信号进行分析。主要原因为故障波形中包含丰富的突变和暂态信息，数学变换方式的主要作用就是提取并增强其中能表征故障的对应特征，而由故障引起的突变电气量常在特定集中频带中有较为明显的变化差异，因此，合适的时频变换特征能有效地对故障的微弱特征进行提取放大，进而进行针对性的判别。但由于数学变换方法的特性，此类方法无法直接给出故障诊断的最终结果，需要根据变换后的特征进行进一步的判据分析与设定以建立完整的弱特征故障诊断方法。

1.2.3 基于数据驱动的故障诊断方法

对于基于物理表征和数据驱动的故障诊断方法，往往需要根据经验或仿真分析设定阈值，但对于弱特征故障诊断问题，特征值的阈值设定往往是灵敏性与可靠性之间的博弈，因此固定阈值对其实际应用会有一定局限性，且在部分方法中会限制其在不同配电网中的泛化能力。而基于人工智能的弱特征故障诊断方法因无须设定阈值、泛化能力强的特点，已成为一类研究焦点并进行了部分应用探索[125]。

该类方法以监督式学习为主，其核心思路为通过利用带标签的历史特征数据训练一个用来进行弱特征故障诊断的分类或回归模型。监督式学习中最为常见的是基于各类神经网络的弱特征故障诊断方法，神经网络是根据模拟人工神经元联结、仿照生物神经网络搭建的计算模型，具有针对非线性映射的自学习能力。其中，最经典的为基于反向传播神经网络的弱特征故障诊断方法[35, 126]。针对不同输入特征的形态与模型应用的差异，神经网络发展出了大量变种，如为提升收敛速度，提出的基于概率神经网络的高阻接地故障选线方法[116]等。在浅层人工神经网络的基础上，近年来提出的各种深度学习算法通过多层结构堆叠组合模拟多层次神经元结构，可以更好地学习样本数据的内在规律和表示，在计算机视觉、自然语言处理等领域取得了大量成就，而在弱特征故障诊断中的应用也在不断探索。在监督式学习分类中，为增强对二维结构矩阵数据的特征提取能力，提出了基于卷积神经网络的弱特征故障诊断方法等[127-129]；也有学者提出了基于深度置信网络的小电流故障诊断方法，通过以受限玻耳兹曼机为元件组成的概率生成式神经网络来识别特征差异[130]。这些以监督式深度学习网络为基础的故障诊断算法能提取到更深层次的数据特征，有着广泛的应用发展前景。在神经网络结构之外，支持向量机作为一种典型的二分类器，因其相对简单快速的训练速度和明确的数学意义，也是常见的基于监督式学习的故障诊断算法之一[131-134]；长短时记忆网络具有独特的结构设计，在对于以序列形式表征的故障特征处理问题上，基于长短时记忆网络的故障诊断方法也有着良好的效果[135]。

然而，典型的监督式学习算法往往需要大量带标签的历史数据进行模型训练来学习特征与标签之间的非线性映射关系，但在实际配电网中，可供训练学习的历史弱特征故障数量较少，且得到的模型往往针对的是某一具体配电网场景，在不同配电网拓扑和结构下的泛化能力存在不足，甚至需要进行重新训练。为解决这些问题，部分学者也进行了一定的探索。其中，基于图结构的图神经网络可在保留数据样本图关联关系的基础上提取深层信息，能有效地提升对配电网这类以拓扑为载体的特征信息的处理能力，如基于图卷积神经网络的故障定位方法[136, 137]；有学者在此基础上提出了基于图注意力网络的故障定位方法，能有效提升在不同拓扑上模型的泛化能力[138]。针对可用历史故障数据不足的小样本问题，文献[139]提出了一种基于半监督式学习的高阻接地故障诊断方法，通过结合对无标签数据的利用来减少对故障数据样本的依赖程度；迁移学习是一类通过已有模型迁移到目标领域进行应用的方法，借助已有模型对数据一定的处理能力来减少目标域中的训练样本需求，是解决小样本问题的一个重要可行方向[140]；还有一类基于非监督式学习来提取深层非线性特征进而实现故障诊断的方法，在应用过程中无需带标签数据或仅需少量监督数据进行微调，如文献[141]提出了一种基于非监督式深度学习中堆叠去噪自编码器的小电流故障选线方法等。

1.3　问题凝练与解决方案

配电网具有网络结构复杂、分支线路繁多、运行环境恶劣、运行方式多样等特点，因此在实际运行中线路故障频发、故障点隐蔽，导致故障排查困难，故障处理周期较长，影响供电可靠性。因此，如何在第一时间检测和定位故障点是迅速恢复系统供电和保障配网可靠性的核心需求。从故障定位的发展历程可以看出，无论感知技术、通信技术还是数据处理技术如何应用和提升，都是围绕快速、准确查找故障点这一核心需求来开展的。如 1.2 节所述，考虑新型配电网故障诊断定位问题的关键挑战在于高不确定性故障机理现状与高准确性故障定位需求之间的对立。其中蕴含的核心科学问题即运行不确定性的配电线路故障诊断确定性问题的求解。

1.3.1 新型配电网故障诊断问题提出

针对上述科学问题，本书尝试采用新一代人工智能技术弥补和缩小不确定性的影响，配电网故障诊断必然面临以下三方面的难点。

（1）如何明晰配电网多重运行不确定性对故障特性的影响。传统电力系统以交流骨干电源、局部电网为主。当分布式能源广泛接入时，电网运行特性的随机性极大增强。直流环节的加入，使得网络的拓扑和电源结构发生变化，故障分析方法和电气量不同于传统电网，且容易发生连锁性故障，故障特征在时间空间域中由线性分布转为非线性分布。不同特性电网的互联使不同区域间的耦合特性增加，故障电气量的变化特性和传播过程不同于传统电网，出现多时序、多参数和多节点耦合的复杂非线性故障演化机理。传统基于线性规则、阈值以及浅层机器学习的分类和回归方法，在故障分析及定位性能上存在一定的不足。如何利用新一代数据驱动技术学习和构建知识表示的表征策略，避免人为设计环节误差的累积，提高对系统中故障特征不确定性的刻画能力是需要解决的第一个难点。

（2）如何兼顾物理机理特征与数据知识表征对模型设计的需求。电力系统故障诊断定位依赖于故障特征的有效提取和故障信息的准确预测，也就是物理模型和数据模型的精准配合。由于系统结构越来越复杂，物理模型的建模和分析缺乏对故障全响应过程和机理的深度解耦，模型准确度略显不足。另外，缺乏准确的物理模型，分析和诊断的数据模型中相应的特征选取和算法设计难度增加，数据模型对分析及定位的快速性、可靠性、准确性等多样化的需求难以兼顾，判别结果易受影响。同时，传统故障诊断定位方法依赖数据预处理、特征提取、浅层机器学习模型等多个环节，每个环节的误差容易累积，使得最终的诊断判别结果准确率不高。如何利用新一代数据驱动技术根据电气物理信息定制化设计数据模型，增强机理与数据知识的融合共济，提高故障诊断定位模型的准确性和鲁棒性是需要解决的第二个难点。

（3）如何提升模型在不同样本数据与现场应用条件下的泛化性能。随着配电物联网的建设，配电网采集的数据来源越来越多样化、规模也越来越庞大，但是所采集的大部分数据都是正常运行数据，故障数据少。即使数字配电网的发展使得可依赖的数据集增多，但对于真实数据的有效维度依然处于劣势。同时，人工智能的故障诊断高度依赖历史数据训练，而配电网故障特征与拓扑结构和网络参数之间强相关。从仿真模拟测试到真实现场测试阶段面临着数据集分布的改变，这使得高度依赖历史数据训练的人工智能模型需要被重新训练，甚至直接失效。依靠单一配电网年故障历史数据难以达到支撑机器学习模型大数据训练的量级，配电网故障诊断定位问题是一个典型的小样本问题。如何利用新一代数据驱动技术挖掘故障诊断定位的共性知识，通过迁移共性知识和增强本地个性知识，提高模型在不同样本条件下和运行环境中的适应性是需要解决的第三个难点。

1.3.2　新型配电网故障诊断意义凝练

针对上述一个科学问题和三个技术难点，本书重点围绕配电线路故障诊断定位任务中“故障检测—故障选线—区段定位—精准测距”四大环节开展相关机理分析和理论技术探讨，为后续研究以及智能化故障诊断定位辅助决策工具研发提供理论和技术支撑。

从需求来看，在新型配电网建设的支持下，运行系统方式不确定性、运行拓扑场景不确定性和运行分支线路不确定性使得故障交互耦合机理难以被精确解析，故障诊断精度有待进一步提升。此外，虽然目前我国各地区省级电网、重点城市均建有智能诊断平台，但多数核心的高级应用功能尚未开发完全，缺乏为调度员或运行维护人员提供科学的诊断或定位的辅助决策工具。

从效果来看，基于本书的研究成果可以开发配电网诊断辅助决策工具，为配电网的可靠运行及快速定位故障点提供科学支持。整合和有效利用配电网内现有数据资源，逐步开展故障机理分析、故障检测分类以及故障点定位研究，对减小停电损失、提升电网可靠性、维护社会稳定、保障电网安全意义重大，具有显著的经济和社会效益。

1.3.3　基于人工智能的故障处理方法的基本原理

基于数据驱动的配电网故障诊断定位方法可以在不依赖系统模型和知识的条件下对复杂非线性问题进行有效分类，无须设定阈值，为解决不确定性故障环境下的高精度诊断定位提供一种新的思路。人工智能技术堪称数据驱动领域的集大成者，其采用海量数据监督学习模式，构建故障特征与诊断定位结果之间存在的不规则非线性关系，以代替精确的数学模型判定，得到了广泛关注。

国务院印发的《新一代人工智能发展规划》指出人工智能的发展是重大的战略机遇，将新一代人工智能引入配电网的故障分析与诊断定位已成为一种趋势。已有多数研究人员相继提出贝叶斯网络、随机森林、支持向量机等故障诊断定位方法，且准确率不断提升。但传统的人工智能方法大多为浅层算法，数据分析能力弱，解决复杂高维度的分类回归问题存在困难。以深度学习为典型代表的新一代人工智能技术具备强大的非线性拟合与特征表达能力，可以从多源异构或非结构化的数据中提取出配电网故障的判别信息，实现更加精准的故障诊断和故障定位，逐步成为一个重要的研究方向。目前应用较多的主要有基于自编码器、卷积神经网络、长短时记忆网络等深度学习算法的配电网故障诊断方法。数据样本扩充、迁移学习和元学习等技术的发展，使得新一代人工智能技术可以更好地契合新态势下的配电网故障诊断和定位。

电力系统故障分析及定位问题本质上是分类和回归问题。传统故障分析及定位在物理模型建模和故障特性分析的基础上，选取和设计具有代表性的特征来表征故障特点，再利用算法区分和计算判别结果。基于人工智能的方法是将人工智能模型作为“黑箱”来拟合输入（故障特征）与输出（判别结果）之间的映射关系。与传统识别方法不同的是诊断定位依据由包含大量数据知识的人工智能模型确定。具体地，给定电气信息 x_e（其对应类别标签为 y），通过人工智能模型预测得到预测标签 $\tilde{y}$：

$$\tilde{y} = f(x_e, \theta) \tag{1-1}$$

式中，f 为具有分类回归知识的人工智能模型；θ 为大量数据样本训练得到的模型参数。

因此，基于人工智能的故障诊断定位主要分为两个阶段：训练阶段和应用阶段。如图 1-1 所示，训练阶段通过在数字空间训练大量的故障样本以生成包含分类知识的人工智能模型；应用阶段将上述人工智能模型移植应用到真实的物理空间预测电气信息对应的标签。无论训练阶段还是应用阶段，在人工智能模型得出预测标签的过程中都要经历电气信息表达和预测模型泛化两个步骤。电气信息表达是将数据电气量通过某些特征表示手段进行提取表达。常见的特征表示手段是将电气信号通过信号处理方法（如小波变换、傅里叶变换和希尔伯特-黄变换等）进行特征凸显，从而使用一定的规则进行数据特征库的构建。预测模型泛化主要体现在应用阶段。一些学者训练分类知识足够丰富的识别模型，通过非迁移手段直接应用到目标空间中；也有学者通过半监督学习、迁移学习和元学习等策略在目标空间通过微调和更新，构建一种具有足够精度和鲁棒性的故障诊断定位模型。

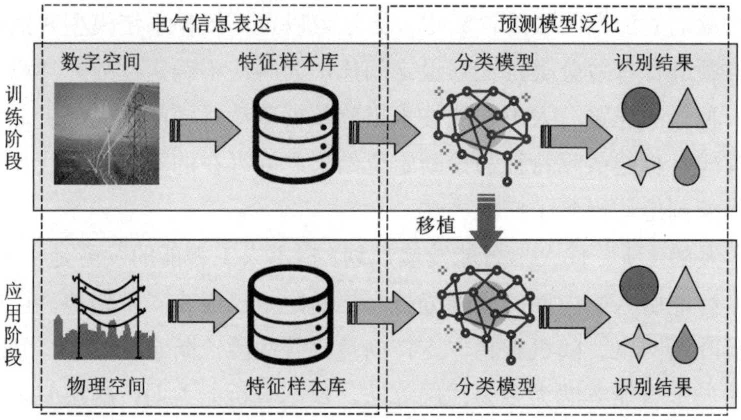

图 1-1 基于人工智能的配电网故障诊断定位范式示意图

综上所述，本书在挖掘故障电气机理的基础上，将数据扩充算法、深度学习模型和现代信号处理等数据驱动技术引入配电网故障诊断之中，从多源异构或非结构化的数据中预测判定故障信息，实现更加精准的诊断。

第2章　基于人工智能的新型配电网故障检测方法

2.1　引　　言

配电网发生故障后，及时检测故障和准确识别故障类型对故障后的事故分析具有十分重要的意义。现有的故障检测分类方法大多通过采集电压和电流信息，人为构建特征向量，再通过相应的阈值或模式识别故障。虽然该方法在现有研究中具备一定的分类识别效果，但是人为的故障特征向量过程较为复杂，需要有较强的研究经验，且具有一定的局限性和主观性。同时，新能源接入和配电网运行的不确定性又为采集到的电气量增加了随机性和波动性，致使这种通过人为构建的特征统计法在现代配电网应用中可靠性不足。此外，为了进一步提高配电网故障检测和分类的准确性，一些专家学者利用配电网历史数据构建神经网络以“软阈值”的方式替代传统分类阈值方法。该类方法的准确度大幅提升，但在构建分类模型过程中，严重忽略了样本数量少及样本种类平衡度低的问题，致使该方法在仿真阶段到现场应用阶段缺少关键技术支撑。因此，目前配电网故障检测分类任务主要面临以下两个技术问题：①从电气机理层面而言，在新能源和配电网运行不确定性的条件下，如何在复杂无序的电气量特征中构建一种面向故障类别最优分类边界的非线性映射关系是亟须解决的问题之一；②从数据驱动层面而言，实际配电网中故障与正常样本之间、故障类型与故障类型之间的样本数量是不平衡的，如何构造和训练故障检测和分类器以提高应对类别不平衡度问题的能力，是亟须解决的另一关键问题。

基于以上背景，本章着重针对配电网故障检测问题展开研究，从故障特征较弱的小电流接地系统高阻接地故障检测任务入手，剖析基于人工智能的配电网故障检测方法的应用场景和逻辑。进一步，针对人工智能类故障检测方法在应用过程中面临的数据样本少的问题，构建基于度量元学习的小样本场景下的高阻接地故障检测框架，为新型配电网故障检测电力人工智能应用提供理论依据和解决方案。

2.2 基于多角度特征融合的配电网高阻接地故障检测方法

本节在高阻接地故障机理分析的基础上，刻画故障与正常扰动在时域、频域和时频域的差异性，并针对差异性分析建立故障特征样本库，进而提出一种改进的堆叠降噪自编码器的故障诊断模型完成高阻接地故障检测。

2.2.1 高阻接地故障特征分析

高阻接地故障（HIF）是配电网单相故障的一种常见形式，由于与高阻抗接地介质接触，故障电流往往低于继电器整定值，并且高阻接地故障通常与电弧的发生有关，导致零序电流通常具有非线性、随机性、间歇性、不对称性等特征，故为了彰显 HIF 的特征，选用零序电流作为待分析量。此外，传统 HIF 检测方法多是从时域、频域、时频域中的一个角度选取故障特征构建检测判据，特征量单一，容易受故障条件变化影响，且在强背景噪声条件下的检测准确率有待提升，故本节从时域、频域及时频域分析 HIF 与三种常见扰动工况[电容器投切（capacitor switching，CS）、负荷切换（load switching，LS）、励磁涌流（inrush current，IC）]之间零序电流差异性。

在谐振接地系统配电网模型中仿真得到 HIF、电容器投切、负荷切换、励磁涌流四种情况下的零序电流波形如图 2-1 所示。投切电容器容量为 4800 kvar，负荷切换的有功功率为 2.5 MW，无功功率为 0.45 Mvar，励磁涌流变压器的容量为 50 kVA，连接组别为 YNd1，故障及扰动时间设置为 0.04 s。为了突出在强噪声背景条件下区分高阻接地故障与正常扰动工况的难点，在原始零序电流波形的基础上添加信噪比为-1 dB 的高斯白噪声。通常情况下，正常环境噪声为 10～20 dB，-1 dB 在工程实际中可看作高强度噪声。

由图 2-1 可以看出，虽然 HIF 发生时，零序电流具有明显的特征，但与正常扰动工况零序电流变化具有相似性，利用单一特征量难以区分 HIF 与正常工况，强噪声背景下，HIF 与正常扰动工况的波形差距甚小，高阻接地故障检测难度升高。因此，为了全面表征零序电流特征，提高 HIF 检测的准确性与可靠性，基于统计学计算、傅里叶变换及变分模态分解从多角度研究 HIF 与正常工况的零序电流信号差异。

1. 时域特征差异性分析

为直观地衡量与刻画 HIF 与正常扰动的时域特征，借助统计学计算分析时域波形差异。在统计学中，峭度因子反映随机变量的分布特性，偏度因子反映统计数据偏斜

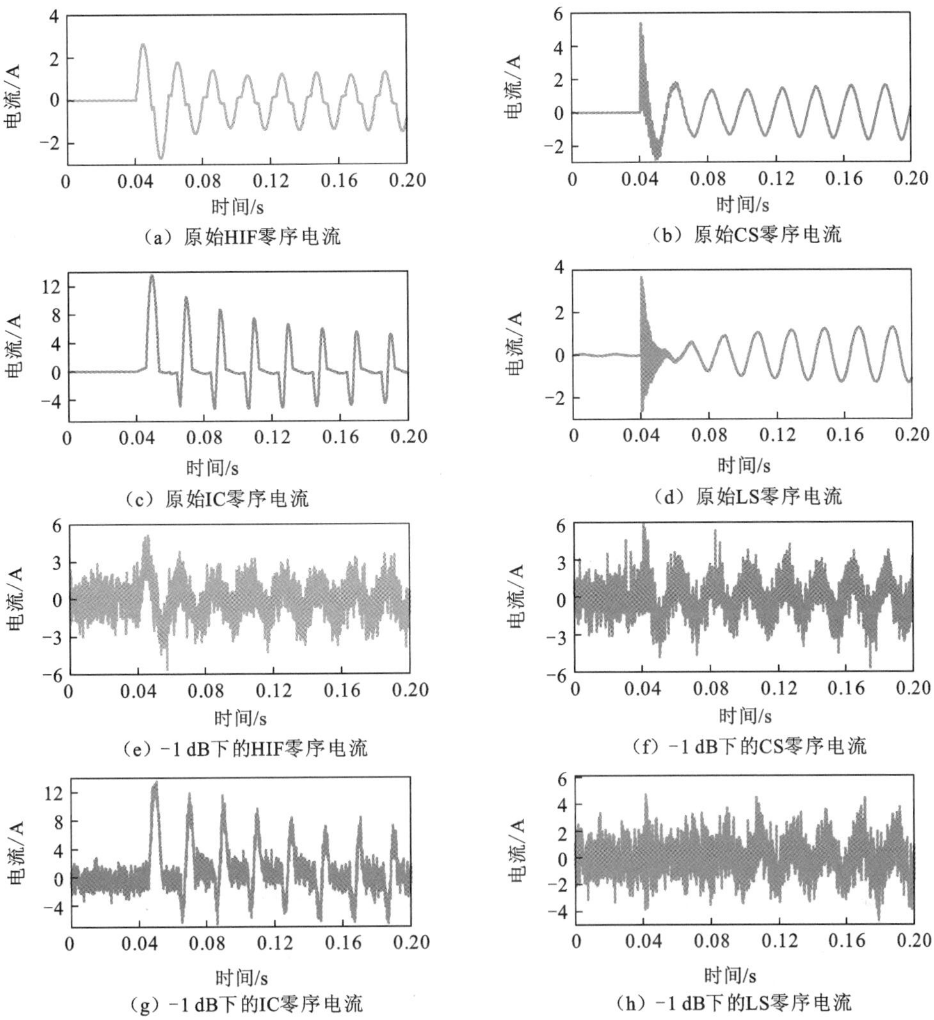

(a) 原始HIF零序电流　(b) 原始CS零序电流

(c) 原始IC零序电流　(d) 原始LS零序电流

(e) −1 dB下的HIF零序电流　(f) −1 dB下的CS零序电流

(g) −1 dB下的IC零序电流　(h) −1 dB下的LS零序电流

图 2-1　高阻接地故障和正常扰动工况波形示意图

方向和程度，峰值因子、脉冲因子、裕度因子检测时域波形峰值的极端程度，波形因子衡量时域波形的畸变程度。进一步，为了表征 HIF 与正常扰动工况稳态与暂态的时域差异，选取故障发生后 4 个周期的零序电流计算多时间尺度的统计学特征值，特征值变化如图 2-2 所示。

从图 2-2 可以看出，HIF 在故障暂态过程中上述统计学时域指标特征值均小于 CS 与 LS，稳态过程则相反，均大于 CS 与 LS 的特征值，说明在暂态过程中，HIF 振荡程度较小，在稳态过程中，其波形畸变明显。HIF 与 IC 相比，HIF 的特征值几乎都小于 IC，说明 HIF 相较 IC 波形畸变的时间短，随机性较小。但从图 2-2 可以看出上述特征值差异较小，特征值归一化后难以区分 HIF 与正常扰动工况，特别是大多数 HIF 时域特征值分布在三种扰动特征值之间，不存在普遍极大极小值现象，给利用单一特征值实现 HIF 检测带来极大挑战。在添加−1 dB 高强度噪声情况下，上述问题更加显著。

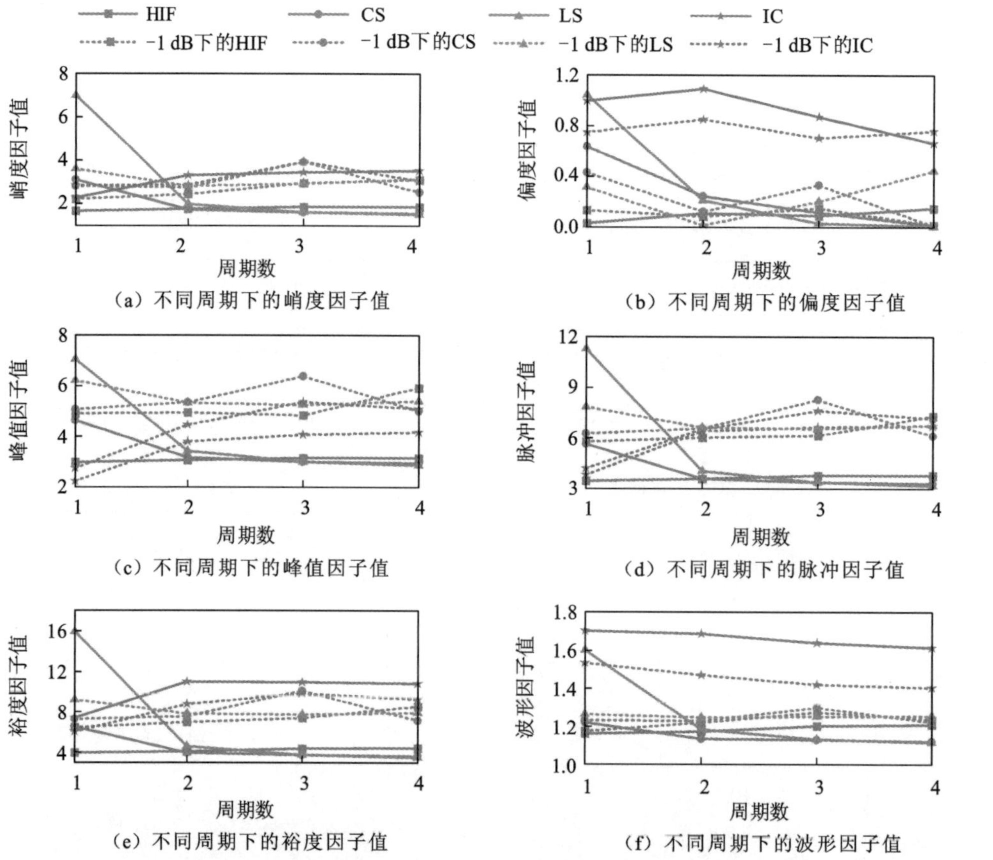

图 2-2 不同工况下零序电流波形时域特征值

2. 频域特征差异性分析

为刻画 HIF 与正常扰动工况的频域特性，对图 2-1 所示的高阻接地故障与三种正常扰动工况的零序电流进行傅里叶变换获取频谱图及功率谱密度图，如图 2-3 所示。观察图 2-3，从图 2-3（a）～（d）可以得知，HIF 的基频幅值约为 623，CS 与 LS 的基频幅值分别约为 582 和 240，IC 的基频幅值约为 1420，其中 HIF 的基频幅值与 CS 相差较小，而 HIF 的基频幅值约是 LS 的 2.6 倍，IC 的基频幅值约是 HIF 的 2.3 倍，相比较而言，IC 的高频含量占比最少，且直流分量含量最多，HIF 含量次之，CS 与 LS 最少。从图 2-3（e）（h）可知，HIF 与 IC 零序电流信号功率在频率分布上比较均匀，整体呈现上升趋势，且二者功率谱密度图波形十分相似。从图 2-3（f）（g）可以看出，CS 与 LS 的功率密度会出现极端分布现象，整体呈现大幅度下降趋势，与 HIF 功率谱密度图有明显差异。

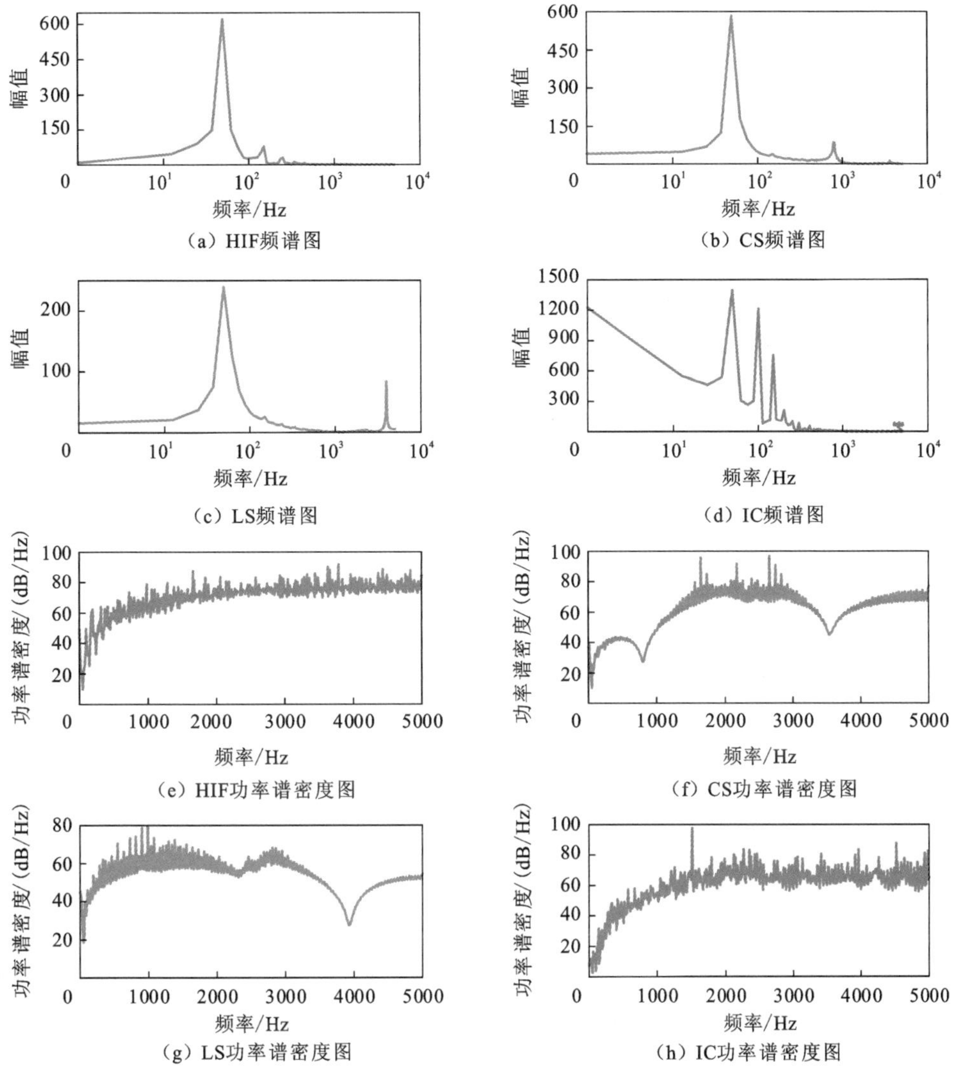

(a) HIF频谱图　(b) CS频谱图
(c) LS频谱图　(d) IC频谱图
(e) HIF功率谱密度图　(f) CS功率谱密度图
(g) LS功率谱密度图　(h) IC功率谱密度图

图 2-3　不同工况的频谱图与功率谱密度图

3. 时频域特征差异性分析

由于 HIF 和正常扰动工况的零序电流都是非稳态的，频率会随时间的变化而变化，仅从时域或频域不能完全表征信号特征，因此需要进行时频分析。变分模态分解（variational mode decomposition，VMD）是一种时频分析方法，能有效处理非线性、非平稳信号。通过 VMD 把零序电流序列分成不同频率的固有模态函数（intrinsic mode function，IMF），可以提高故障信号特征的平稳性和差异性。为了分析 HIF 与正常工况的零序电流时频差异，本书借助 VMD 把零序电流序列分成 4 种不同频率的 IMF 分量，如图 2-4 所示。

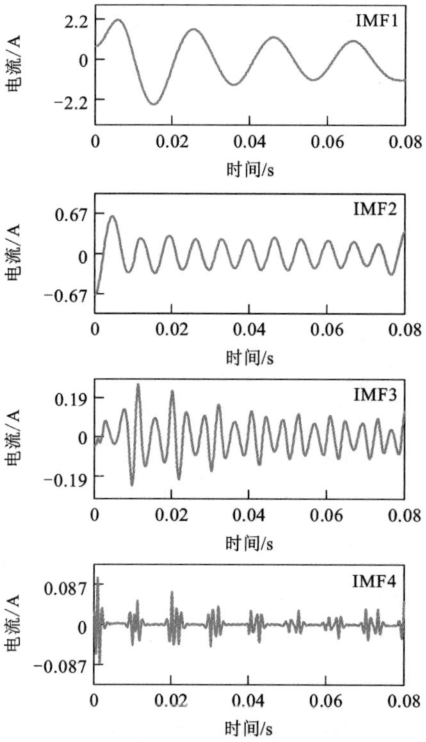

(a) HIF零序电流分解图

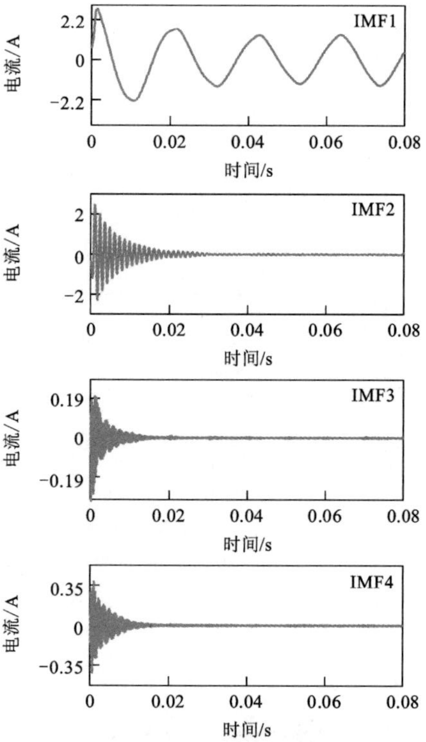

(b) CS零序电流分解图

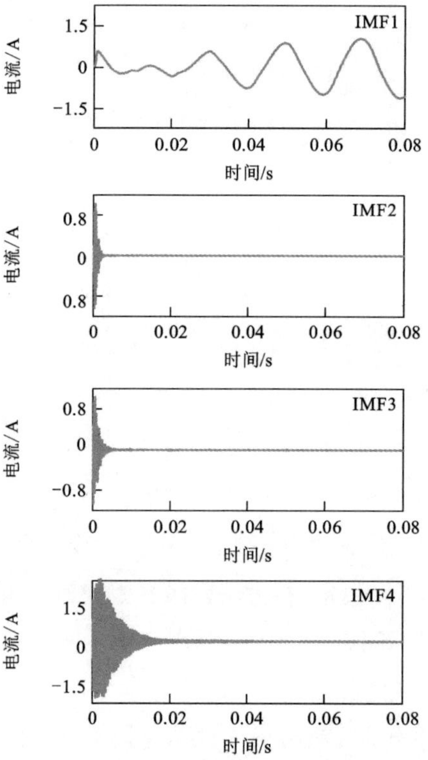

(c) LS零序电流分解图

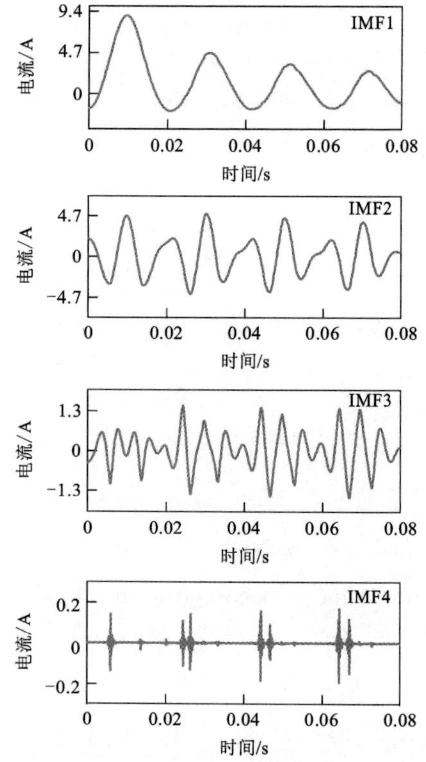

(d) IC零序电流分解图

图 2-4 不同工况的零序电流分解图

从图 2-4 可以看出，不同工况的零序电流信号被分成了 4 个不同频率的分量，并且经 VMD 分解后 HIF 零序电流的各个分量相对于 CS 和 LS 随时间变化更有规律，分量幅值变化较小，而 CS 与 LS 获得的分量主要集中在工况发生变化的 1～2 个周期内，且幅值振荡明显。由于 HIF 与 IC 原始零序电流波形相似，经 VMD 分解得到的分量也相差甚微，但从图中可以观察得到，相比于 HIF，IC 获得的 4 个分量在时间分布上更有规律性。

由上述分析可知，HIF 与正常扰动工况在时域、频域及时频域角度都具有一定的差异性，为下面构造高阻接地故障检测样本特征库提供了理论依据。选取单一角度特征虽然能反映零序电流波形趋势或故障信息，但容易造成漏判与误判，检测可靠性与准确性有待提高，为此本书通过结合时域、频域与时频域特征弥补上述问题。

时域方面，为全面表征高阻接地故障与正常扰动工况的特点，选取峭度因子、偏度因子、波形因子、脉冲因子、峰值因子、裕度因子描述时域波形的波形特征。此外，描述时域波形集中特征的最大值、最小值、平均值、均方值和描述时域波形离散特征的标准差、方差、均方根也用来表征 HIF 和扰动的时域特征，上述特征记作 T1～T13。频域方面，为了体现差异，准确描述频谱中占比较大的信号频率以及功率谱主频带的分布和功率谱能量分布的分散程度，选取重心频率、均方频率、均方根频率、频率标准差及频率方差来表征频域特性，并记作 F1～F5。其中重心频率、均方频率、均方根频率都是描述在频谱中占比较大的信号频率以及功率谱主频带的分布，频率标准差及频率方差是描述功率谱能量分布的分散程度。时频域方面，为了兼顾零序电流信号时域及不同频段上的多尺度故障特征，对经过 VMD 后得到的分量提取信息熵获取全面、丰富的特征。信息熵是一种用来衡量信号复杂程度的指标，其概念来源于热力学，并可以表达一个系统的混乱程度，系统信息越混乱其对应的值越大，该指标已经被广泛应用到各个领域。本书选取功率谱熵、能量熵、奇异谱熵、近似熵、样本熵、模糊熵、排列熵、包络熵 8 个参数（记作 E1～E8）来提取不同频率下的时间序列信息，表征经 VMD 得到 IMF 分量的特性，多尺度挖掘故障特征信息。

2.2.2　故障特征样本库构建

根据上述分析，选取时域、频域、时频域总共 26 个特征，然而随着特征维度的增加，各特征之间在描述信号差异性时可能出现重复，造成特征冗余现象，增加了后续故障检测的计算负担。特征降维可以减少数据的复杂性从而降低计算成本，并在一定程度上提高模型的性能。为此本书选用皮尔逊相关系数对特征进行降维，剔除冗余特征，降低特征冗余度，减少后续高阻接地故障检测模型迭代的计算量。另外，利用皮尔逊相关系数不仅能实现特征降维，还可以剔除相关性较强的特征，保留敏感与重要的原始特征，在一定程度上证明了所选特征的有效性。

对本书所选的 26 个特征两两计算皮尔逊相关系数，得到对应相关系数最大的特征，相关系数矩阵热力图如图 2-5 所示。由图 2-5 可得，通过计算 26 个特征之间的相关系数，得到 26×26 的系数矩阵，筛选得到每个特征对应的相关性最强特征。其中相关系数越接近 1，相关性越强；反之，相关系数越接近 0，相关性越弱。经计算，筛选后得到的时域特征 9 个，即 T1、T3～T8、T10、T11；频域特征 5 个，即 F1～F5；时频域特征 6 个，即 E1、E2、E4、E5、E7、E8。共计得到 20 个特征。本书数据采样频率为 10 kHz，为了丰富表达高阻接地故障与三种正常扰动工况的暂稳态所包含的信息，选取故障发生后的 4 个周波，对每个周波计算 20 个特征，得到包含时域、频域及时频域特征的 20×4＝80 个数据值。

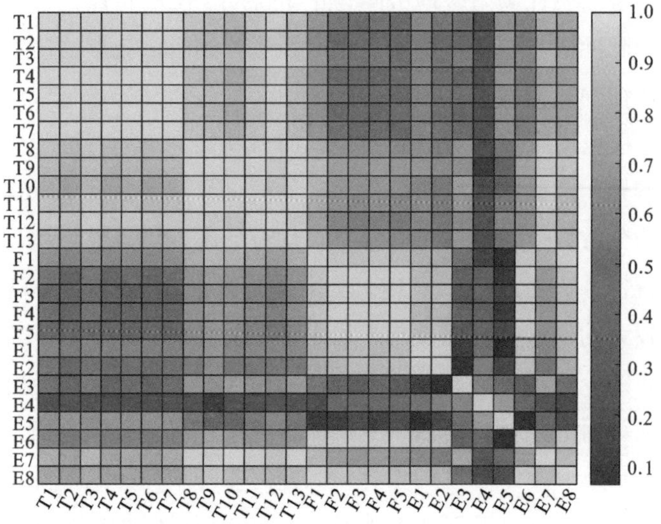

图 2-5 相关系数矩阵热力图

2.2.3 检测模型及应用流程

堆叠降噪自编码器（stacked denoising autoencoder，SDAE）由 Vincent 等学者提出，是自编码器的一种扩展，其核心思想是在单个编码器模型的输入层添加随机噪声，在保留有效信息的同时不断挖掘数据深层特征，增强模型的鲁棒性与泛化能力，其结构示意图如图 2-6 所示。堆叠降噪自编码器网络是由多个降噪自编码器（denoising autoencoder，DAE）组成的端到端连接的无监督深度神经网络。其中，DAE 是为了提高自编码器网络训练速度，避免过拟合现象，增强重构数据的泛化能力及鲁棒性而提出的。DAE 网络以一定的概率给输入数据置零，减少噪声对权值矩阵的影响。进一步，由 DAE 组成的 SDAE 通过隐藏层的作用，有效降低输入数据维度，得到的重构信号不仅包含本质特征，而且去除了高维数据的冗余部分，增强了网络的数据处理能力，降低了网络过拟合的风险。预训练与微调是 SDAE 网络训练过程中的两个步骤，多个 DAE 在预训练过程中通过端到端连接逐个提取特征，每个 DAE 的输入数据和输出数据为相同维度，每个 DAE 的隐藏层数据作为下一个 DAE 的输入数据。在无监督预训练阶段完成后，依次连接每个 DAE 的输出。在监督微调过程的最后引入 softmax 分类器，对融合并经 SDAE 网络降维降噪后的特征数据进行分类。

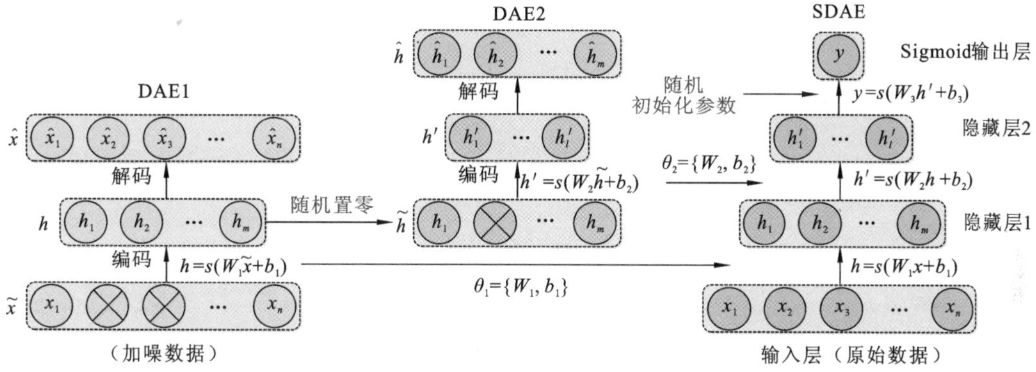

图 2-6　堆叠降噪自编码器示意图

极限学习机（extreme learning machine，ELM）是一种简单而快速的人工神经网络模型，其输入层到隐藏层的权值和偏置是随机确定的，输出层只有权值而没有偏置，并且训练过程中，输出层的参数不是基于梯度求解，而是转换成线性系统求解，从而保证网络的泛化能力。相比于其他传统分类器的训练方法，ELM 避免了反复迭代优化参数的过程，节省了网络训练的时间，加快了网络的收敛速度。因此，ELM 凭借两个关键优势，即更高的泛化能力和计算效率，已被广泛应用于不同领域的分类问题中。ELM 参数的随机赋值降低了 ELM 算法的鲁棒性，当数据含有噪声时，算法分类性能明显下降。而 SDAE 网络通过对输入层随机置零的方式降低噪声干扰，并且 SDAE 网络能深度挖掘特征，所以本书将 ELM 与 SDAE 网络结合，结构如图 2-7 所示，借助 SDAE 深度提取故障特征的能力、ELM 高维特征分类与快速训练数据能力，在保证模型检测准确率的同时降低训练时间，增强算法的鲁棒性和泛化性能。

SDAE 结构和参数的“好坏”直接影响 SDAE 网络分类性能。SDAE 网络的隐藏层层数对故障诊断精度影响较大，模型隐藏层层数越多，故障诊断精度越高，但当网络隐藏层层数大于 3 时，模型泛化能力变差。为兼顾模型诊断精度和泛化能力，本书 SDAE 网络隐藏层层数设为 3，SDAE 网络参数包括隐藏层节点数、输入数据置零比例、微调训练过程的学习率与批大小。其中，隐藏层节点数决定 SDAE 网络的拓扑结构，影响网络故障诊断准确率；输入数据置零比例影响网络的训练时间和重构误差；微调训练

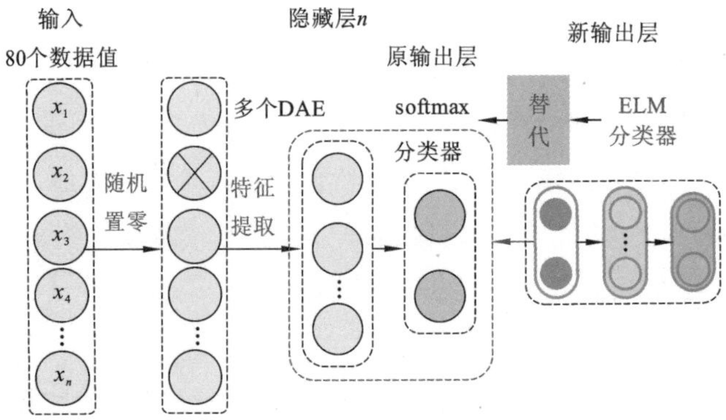

图 2-7　SDAE-ELM 结构示意图

过程的学习率与批大小影响网络权重与偏置的大小，进而影响 SDAE 网络分类的准确率与效率。

基于以上理论，本书结合统计学计算、傅里叶变换和变分模态分解从时域、频域、时频域构建多尺度故障样本数据库，利用 SDAE 网络结合 ELM 实现特征融合与故障分类，检测流程图如图 2-8 所示，其具体步骤如下。

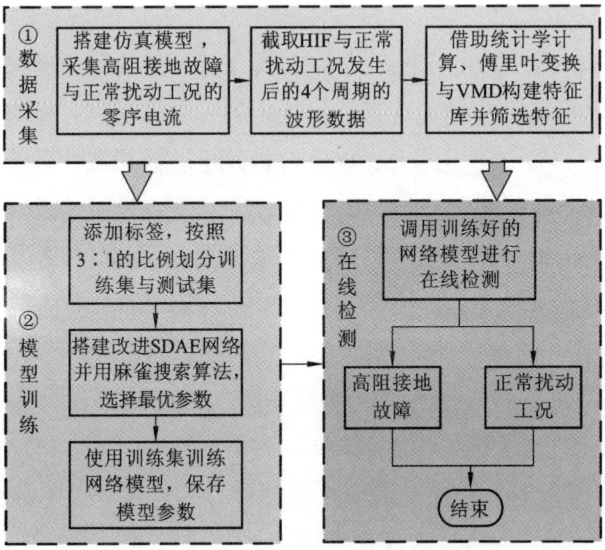

图 2-8　高阻接地故障检测流程图

（1）搭建仿真模型生成样本库。建立谐振配电网仿真模型，模拟高阻接地故障与正常扰动工况，通过线路首端的电流互感器采集零序电流，截取故障发生后 4 个周波，构成数据样本库，采样频率为 10 kHz。

（2）基于统计学计算、傅里叶变换和变分模态分解的故障特征提取。其中采用 SSA（sparrow search algorithm，麻雀搜索算法）对 VMD 分解层数与惩罚因子进行寻优，采用包络熵为适应度函数，包络熵的值越小，分解分量所包含的特征信息越多，分解效果越好。通过线性改变高阻接地故障模型参数获取 10 组高阻接地故障数据进行优化，取平均值作为最优参数，得到的最优分解层数为 4、惩罚因子为 162。

（3）构建 HIF 检测网络模型。采用 SSA 优化 SDAE 网络结构参数，基于 SDAE 实现多特征融合并减少噪声对数据的影响。

（4）实现高阻接地故障检测。按照一定的比例把故障样本数据库划分成训练集与测试集，并通过极限学习机区分高阻接地故障与正常扰动工况。

2.2.4　算例分析

为验证所提算法的准确性与适应性，基于 MATLAB/Simulink 仿真平台搭建放射型配电网仿真模型，拓扑结构如图 2-9 所示，基于该模型进行 HIF 检测网络的训练及测试。本书使用 Emanuel 模型作为高阻接地故障模型。通过改变故障位置、故障相角及高阻接地故障与正常扰动工况模型参数获取 2240 组数据样本，详细参数设置见表 2-1。截取故障发生后 4 个周波的零序电流构建时域、频域及时频域特征库共获取 80 个数据值作为 SDAE-ELM 网络的输入。

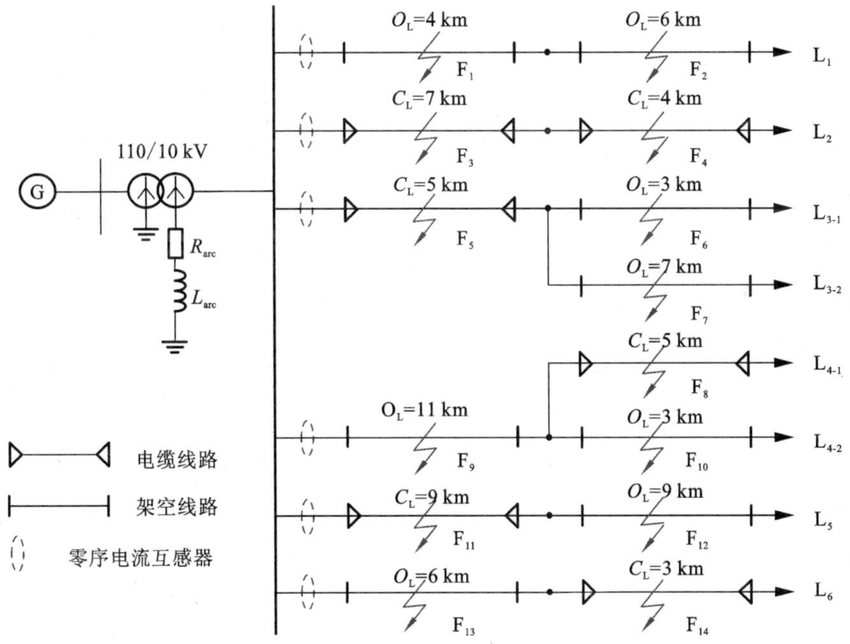

图 2-9　10 kV 谐振接地系统放射型配电网仿真模型图

R_{arc} 为消弧线圈的电阻；L_{arc} 为接在中性点消弧线圈的电感

表 2-1 仿真样本参数

类型	HIF	CS	LS	TL
初相角	0°、5°、30°、45°、60°、90°、105°、120°、135°、150°			
位置	F_1-F_{14}	F_1-F_{14}	F_1-F_{14}	F_1-F_{14}
参数值	R_p、R_n：0.5～1.5 kΩ U_p：1.3～2 kV U_n：1.6～2.3 kV	1.2～6 kvar	P：1.5～2.5 MW Q：0.3～0.5 Mvar	YNd1 YNd11
样本数	840	560	560	280

将采集到的2240组数据样本按照3∶1的比例划分成训练集与测试集，即1680组训练样本及560组测试样本。为了提升模型的训练速度和精度，在训练之前对数据集进行归一化处理，确保其值在0～1。以80个数据值作为网络的输入，故SDAE网络的输入层节点数为80，为区分高阻接地故障与正常扰动工况，设置网络的输出层节点数为2，采用Sigmoid函数作为激活函数。使用训练集训练优化后的SDAE模型，训练完成后，保留最优模型参数。进一步，将测试集输入改进SDAE网络中，得到预测结果如图2-10所示，图2-10中横轴测试样本1～210为HIF，211～560为正常扰动工况，纵轴类别分别为HIF与正常扰动工况。由图2-10可以看出560个测试样本全部检测正确，故障与扰动样本的真实值与预测值吻合率高，模型分类准确率达到100%，实验结果表明，本书所提的改进SDAE网络模型能够正确区分HIF与正常扰动工况，且有较高的准确率。

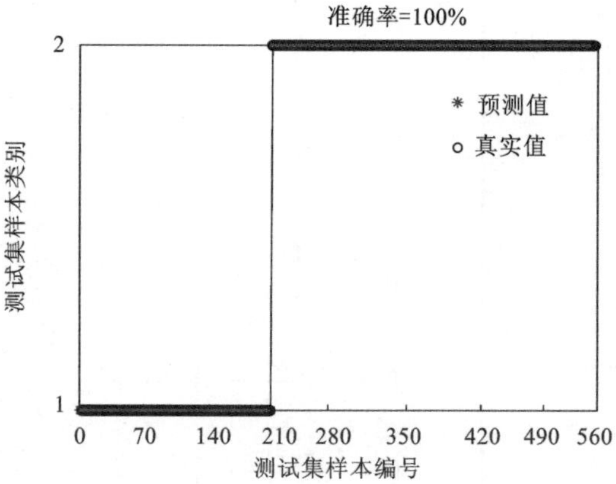

图 2-10 测试集预测结果

为验证噪声对本书所提检测方案的影响，在获得的样本上分别叠加不同信噪比的噪声，随机选取560组样本测试模型的检测准确率，采用分布式随机近邻嵌入降维算法将分类层输出结果降维到二维平面并归一化到[0, 1]，结果如图 2-11 所示。由图 2-11 可知，随着噪声含量的增大，故障检测准确率逐渐降低，但即便在-10 dB 噪声强度下，模型检测准确率仍有 90.89%，实际故障样本数据大多含有 20 dB 左右的噪声。由此可见，本书所提方法对噪声具有较强的适应性。

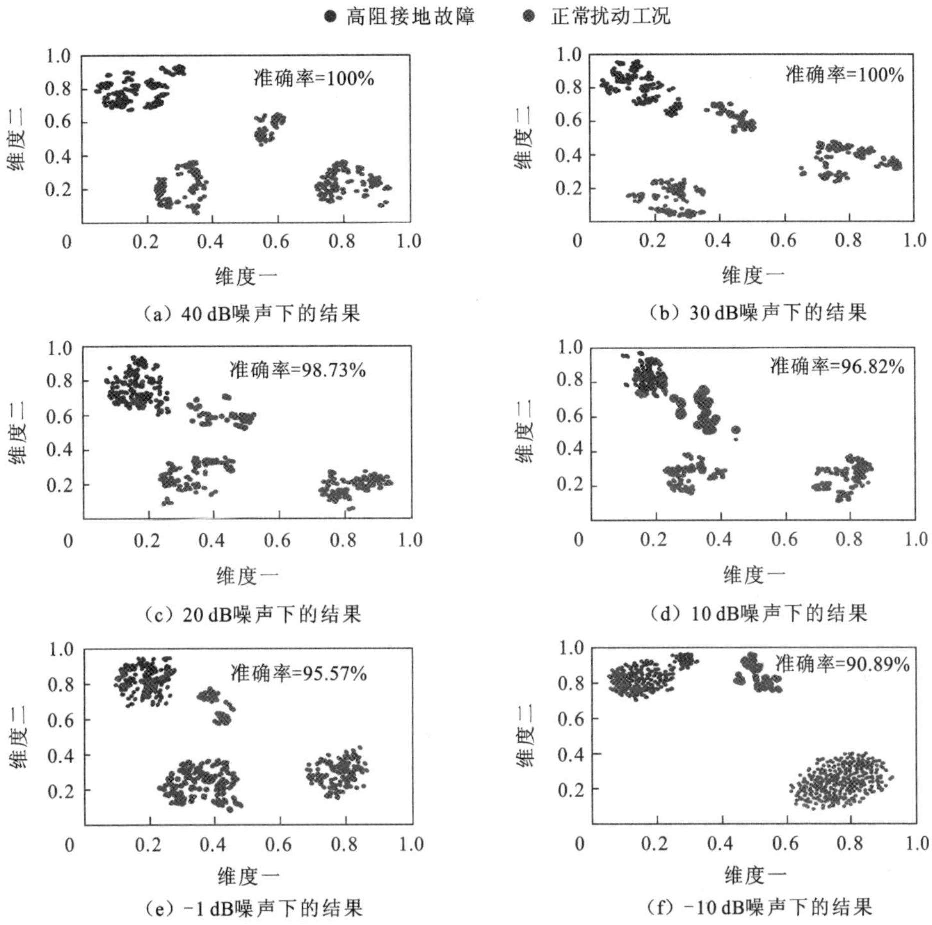

图 2-11　不同噪声强度下的测试集测试结果（无量纲）

为研究本书所提 HIF 检测方法对不同接地方式的适应性，在原有仿真模型的基础上改变中性点的接地方式，获取高阻接地故障波形如图 2-12 所示。观察图 2-12，不同接地方式下的零序电流波形存在一定的差异性，为了更清晰地展示和分析这些差异，对上述三种不同接地系统的高阻接地故障零序电流波形提取 80 个数据值，为了便于展示，将数据值归一化到[0, 1]，结果如图 2-13 所示。

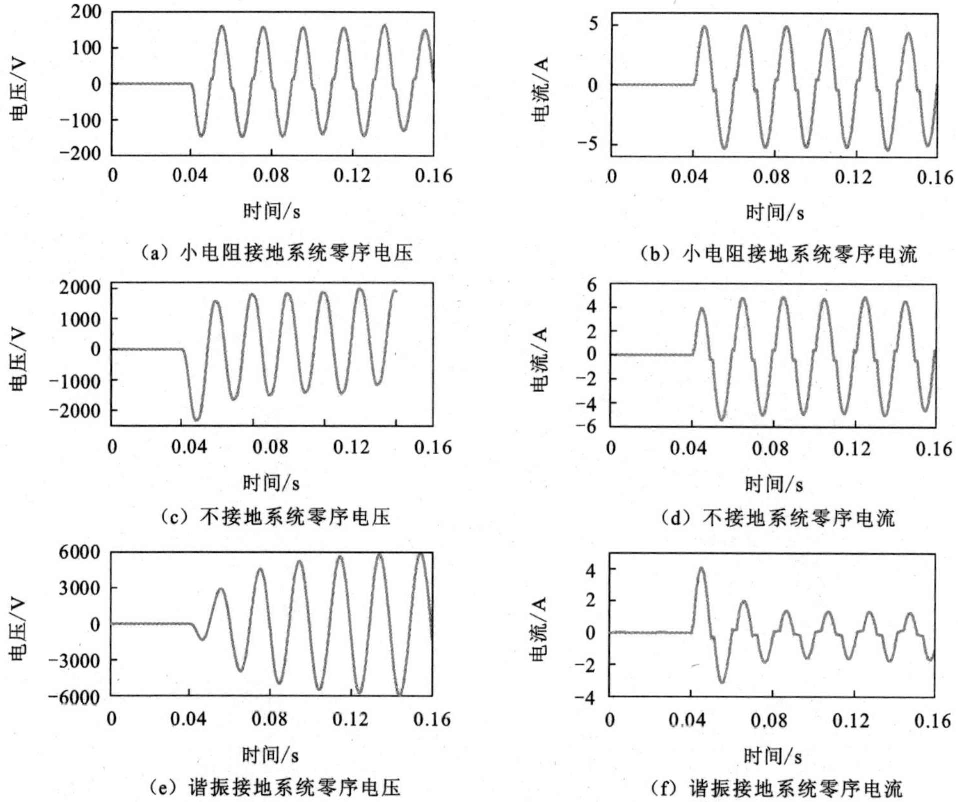

图 2-12 不同接地方式下的高阻接地故障波形

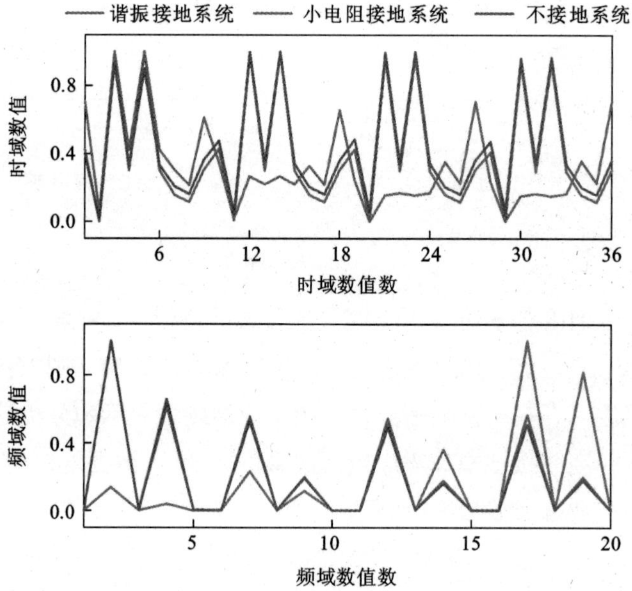

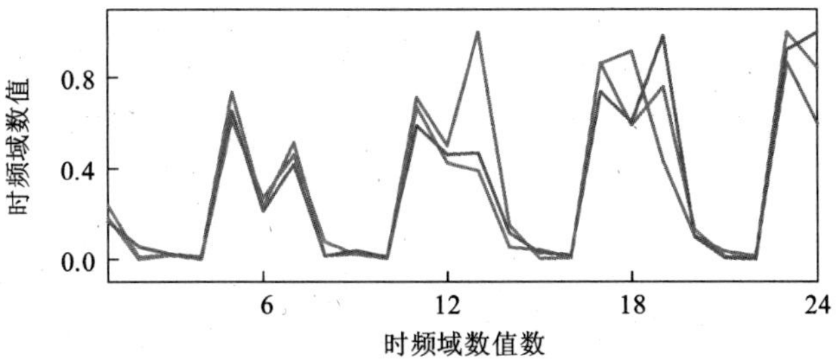

图 2-13　特征数值对比

从图 2-13 可以看出，80 个数据值在不同接地方式下存在差异，经过本书所提模型的处理后，最后一层输出的有效数据值如图 2-14 所示。通过图 2-14 可以看出，最后一层输出的数据值已高度相似，证明本书所提方法的特征降维模型可以加强与故障类型相关的特征，抑制被不同接地方式影响的特征，有效地缩减不同接地系统故障波形间的差异。因此，不同接地方式对所提出的高阻接地故障检测方法的影响较小，进一步证明了本书所提方法的广泛适用性和可靠性。

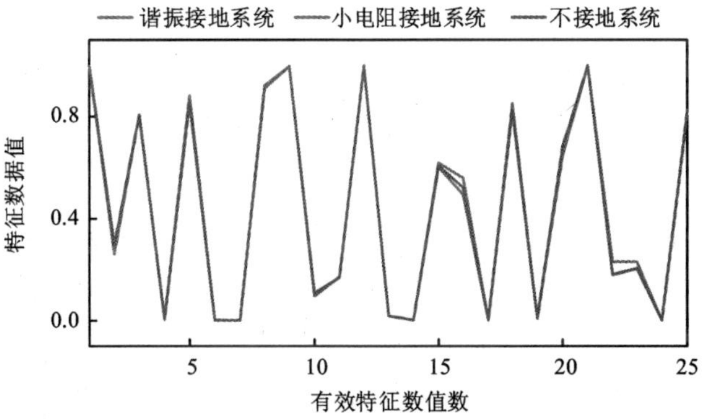

图 2-14　有效特征数据对比

为进一步验证本书方法的抗噪性，在获取的样本集原始数据上分别叠加不同程度的高斯白噪声，并随机选取 560 组样本进行测试，结果如图 2-15 所示，添加−1 dB 噪声的不同接地方式下的故障检测准确率分别为 95.36%、94.82%、95.57%，抗噪性能优异。另外，不同程度噪声下故障检测准确率较高且与谐振接地系统准确率接近，因此可见本书所提方法基本不受中性点接地方式的影响，并且本书所提方法不存在漏判，在一定程度上保证了配电网运行的安全性与可靠性。

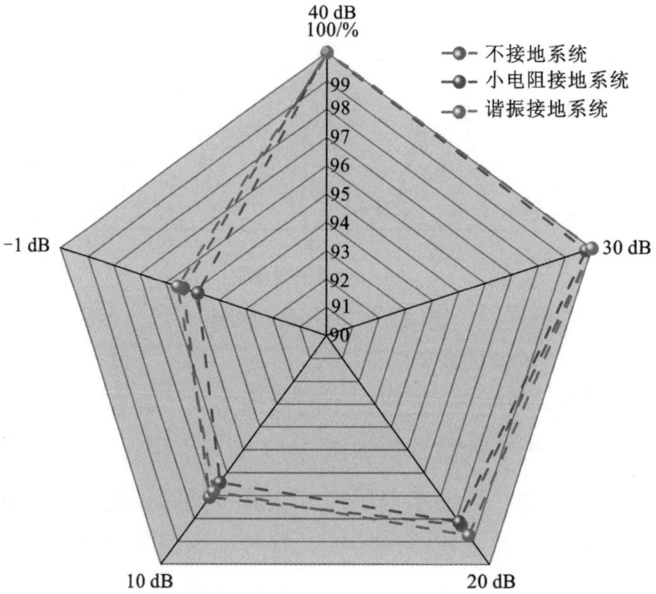

图 2-15　不同接地系统下的测试集预测结果

2.3　基于度量元学习的小样本场景下高阻接地故障检测方法

本节针对新一代人工智能的配电网故障检测方法在实际场景中应用所面临的样本数量少和模型泛化性能低等问题展开研究。在 2.2 节的基础上，构建一种多域特征融合的信息表征结构，并利用小样本度量元学习分类理论提出一种可利用小样本数据进行现场实测应用的故障检测模型。

2.3.1　小样本度量元学习分类理论

基于度量学习的小样本学习方法，通过学习一个能够将原始数据映射到特征空间的函数，使相似的样本被映射为距离接近的点，而不相似的样本被映射为距离较远的点，实现对样本的精确分类。该策略的基本架构如图 2-16 所示。

基于度量学习的方法包含以下关键组成部分。

（1）特征提取模块。该模块负责从每个输入样本中提取特征。这些特征应能够捕捉到样本的关键信息，同时去除噪声和不相关的数据信息。在实践中，特征提取通常通过深度学习模型实现，如卷积神经网络（convolutional neural network，CNN），这些网络能够从原始图像等数据中自动学习到高级和抽象的特征表示。

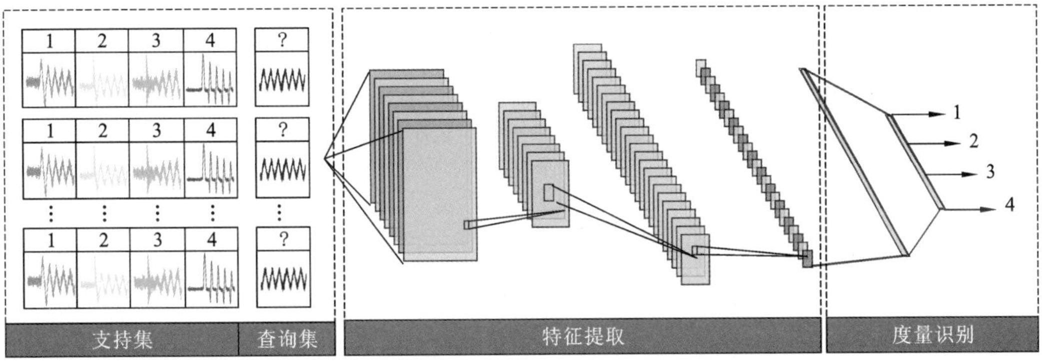

图 2-16　度量学习方法架构

（2）嵌入空间映射。特征提取后，模型将得到的特征向量映射到一个嵌入空间中。这个嵌入空间被设计为具有以下良好的性质，即相同类别的样本在该空间中彼此接近，不同类别的样本彼此远离。

（3）度量识别模块。在嵌入空间中，模型通过定义一个距离函数，如欧氏距离或余弦相似度等度量样本间的相似性。其目标是，通过计算未标记的查询样本与支持集样本之间的距离，将未标记样本归类到与之最相似（即距离最近）的支持集类别。

通过上述步骤，基于度量学习的小样本学习方法能够在可用样本极少的情况下，通过设计和训练一个能够学习到有区分力的特征表示和有效度量相似性的模型，实现新类识别任务的有效处理。

然而，度量学习方法在实际应用中仍然面临一定挑战：①度量学习的性能在很大程度上依赖于合适的距离度量的选择。不同的距离度量可能导致模型性能存在显著差异，找到最适合特定任务的度量标准需要大量的实验和调整；②如果训练数据代表性不足或者存在偏差，学习到的特征空间就难以泛化到新的、未见过的样本或任务上。

融合元学习框架与度量学习的小样本学习方法，旨在通过结合元学习的快速适应性和度量学习的精确相似性度量，使模型在样本量受限的情况下具备高效的学习和泛化能力。该策略的基本架构如图 2-17 所示。

由图 2-17 可知，该方法采用元学习框架作为整体结构，以度量学习架构作为构建基本任务单元的核心。这种结构允许算法在元学习层面上优化模型参数，以适应多样化的任务，同时在度量学习层面上确保样本间的相似性得到精确的度量，在小样本环境下实现高效的识别性能。

该综合方法融合了元学习的“学会学习”和度量学习的“学会区分”两种能力。一方面，与单一元学习方法相比，该方法不仅继承了元学习在跨任务学习中的快速适应能力，还通过度量学习增强了模型对样本间细微差异的敏感度，使模型能够更准确地区分相似样本；另一方面，与单一度量学习方法相比，该方法通过引入元学习框架，使模型能够在遇到新任务时快速适应并调整其度量策略，在保持高准确度的同时，具备更好的泛化能力。

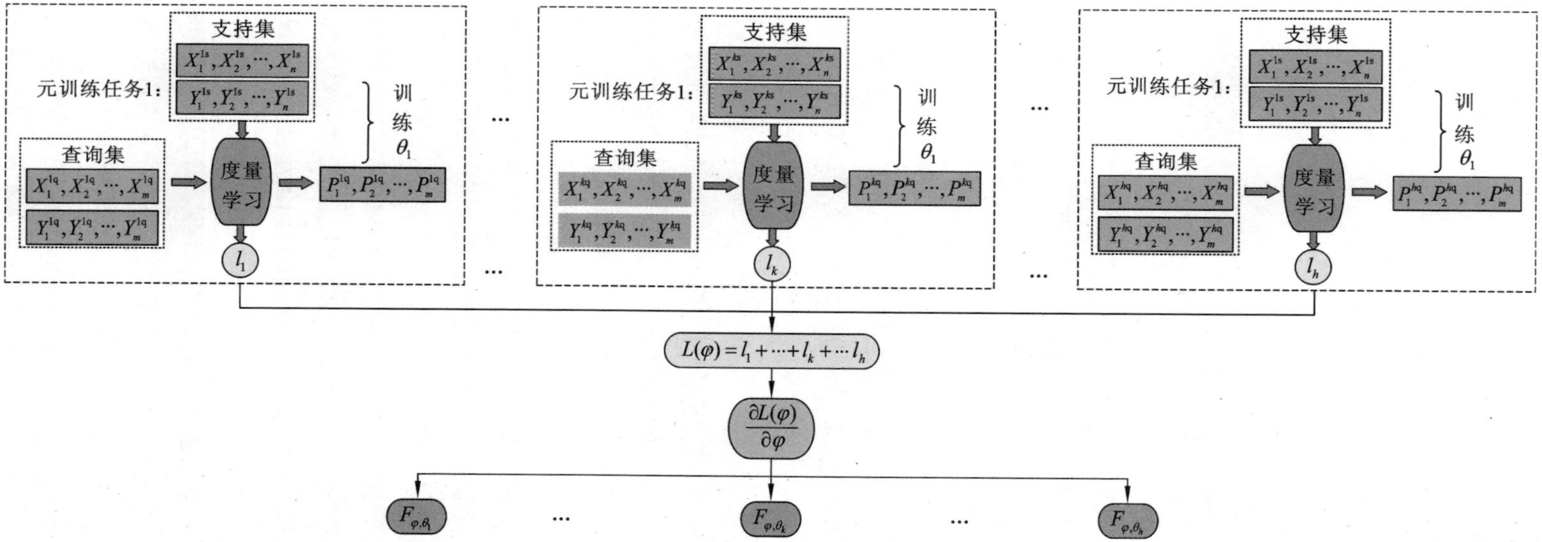

图 2-17 基于元学习框架与度量学习的小样本学习方法架构

综上所述，本书在小样本环境下的行人重识别任务中，引入基于元学习框架与度量学习的小样本学习方法，以解决因样本量不足导致的行人重识别模型性能受限问题。但由于非受控复杂场景中行人重识别任务的复杂性，模型仍存在过拟合、特征提取能力不足以及度量可靠性低等核心问题待解决。

2.3.2 多域特征融合的信息表征结构

离散小波变换可以将原始信号分解成不同频段的子信号，但仅通过细节系数对配电网故障馈线的检测效果不佳。为此，设计一种多域特征融合的零序电流信息表征结构，其过程如图 2-18 所示。通过构造多尺度时频特征图和全局统计特征矩阵的融合结构以充分利用深度学习模型的局部图像特征提取和全局统计特征降维的能力，在本书中统称为信号处理模块。

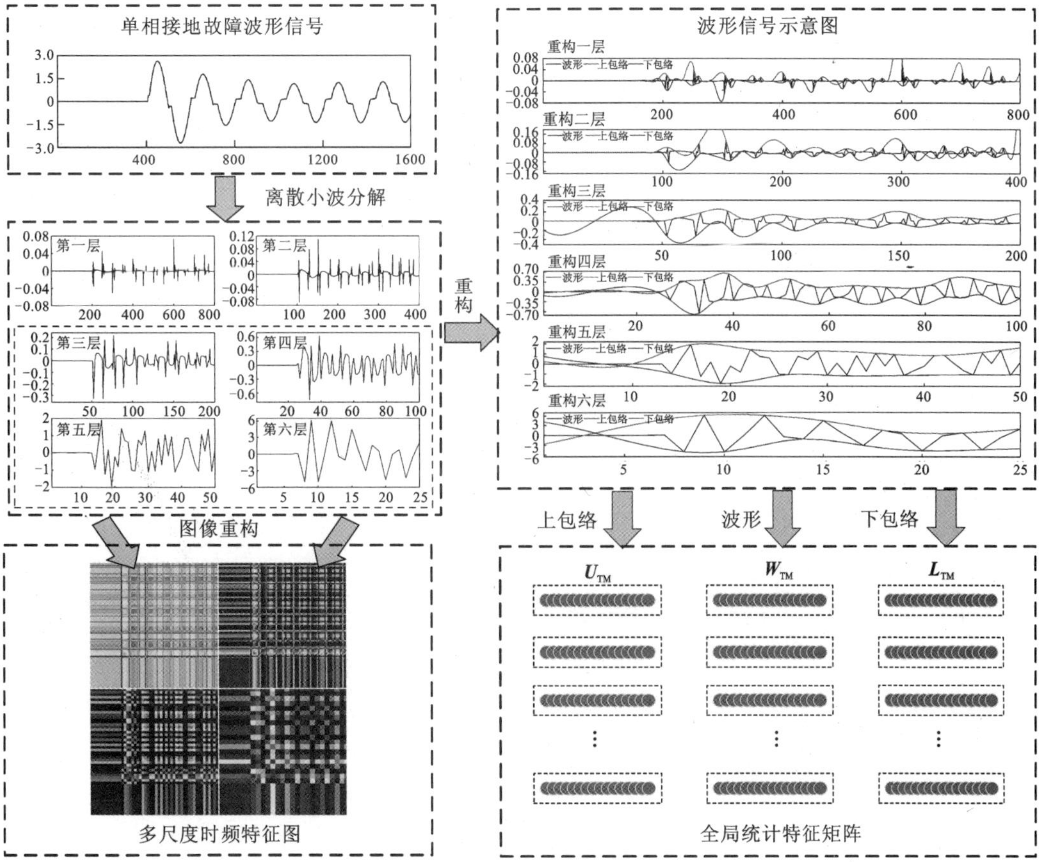

图 2-18　多域特征融合的信息表征结构

（1）多尺度时频特征图。离散小波分解是一种时频分析方法，可以有效地分析和处理非线性、非平稳电气信号。为充分利用单相接地故障带来的丰富谐波分量且避免基波分量的影响，本书对电气信号进行 6 层小波分解，采用小波分解后的第三层～第六层细节分量作为故障特征。然后，将每层细节分量去噪后通过格拉姆角场（Gramian angular field，GAF）变换构造一个表示时序序列关系的 32×32 的特征图。最后，如图 2-18 信号处理模块所示，拼接 4 个特征图得到 1 张 64×64 的多尺度时频特征图用于后续的局部特征提取网络的输入。

（2）全局统计特征矩阵。配电网馈线发生故障时在时域或频域都会产生动态响应，时频分析方法是提取故障特征的有效手段。因此，选择电气信号的时频统计特征对提高故障识别性能起着关键作用。对于分析峰度、偏度、能量熵等时频特征在高阻接地故障识别中的作用，已有研究学者进行了大量的研究。在这些研究工作的基础上，本书选择表 2-1 中的 7 个统计特征作为全局初始特征，其中设定 $x(i)$ 为含有 q 个元素的波形序列数据。

对原始信号离散小波分解后的 6 层细节信号进行波形重构并计算 6 个支路信号的上下包络线。然后，计算重构波形和上下包络线的每个分支信号的 7 个统计特征作为配电网馈线电气信号的全局统计特征。具体而言，将 6 个支路信号的某一特征（如振幅）的特征打包成一个 6 维向量，得到统计特征矩阵 $W_{\mathrm{TM}} \in R^{7\times6}$。同理，得到上下包络线的统计特征矩阵 $U_{\mathrm{TM}} \in R^{7\times6}$ 和 $L_{\mathrm{TM}} \in R^{7\times6}$。最后，将矩阵 W_{TM}、U_{TM} 和 L_{TM} 拼接在一起，作为后续全局特征降维网络的输入。

2.3.3 基于度量元学习的故障检测模型

为了解决实际应用场景中配电网故障选线检测精度低和样本需求度高的问题，本节提出一种基于深度特征融合的自适应选线方法，总体框架如图 2-19 所示。在信号处理模块中，从波形图和数据分析角度提出一种融合多尺度时频特征图和全局统计特征矩阵的故障信号处理方法，对馈线电气信号的全局和局部特征进行深度融合与表达。首先，在深度特征提取网络中，为了获得高阻接地故障波形在不同时频尺度下的局部特征，在 CNN 的基础上设计应对高阻时频信息拼接图特征提取和降维的轻量型残差网络（lightweight ResNet，LRN），为了进一步捕获全局统计特征之间的依赖关系，采用自注意力模型（self-attention model，SAM）结构对波形不同信号指标进行融合表征，从而提出一种基于 LRN 和 SAM 的混合网络作为特征映射模块。其次，为了使得每一类样本的特征类原型更加独立和分散，提出利用近邻边界损失对特征分布进行校正，以明确原型表示的边界，并采用原型校正分类策略利用查询集校正偏差特征，使得度量模型在新样本环境下具备一定自适应更新能力。最后，利用相似原型样本之间的距离输出配电网工况诊断结果。

1. 多维信息融合的特征提取网络

CNN 的局部特征提取能力使得其难以把握电气故障信号的多尺度时频的整体趋势与部分表示之间的内在关系。受 SAM 的启发，本书提出一种由 LRN 和 SAM 两个模块组成的深度融合特征提取网络，各模块的设计原则和细节如下。

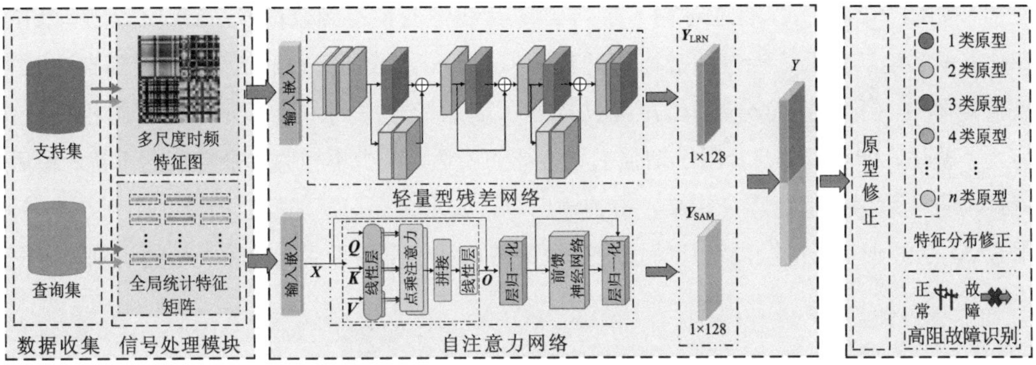

图 2-19　自适应故障线路判别模型的框架

1）LRN

残差网络通过设计残差模块消除传统神经网络中容易出现的梯度消失和网络退化问题，对于图片信息的处理有较好的性能表现。单相接地故障电气信号通常在零序电流中以不同的时频段表示，即故障特征分散在多尺度时频特征图中。由于多尺度时频特征图的图像尺寸较小，在残差网络模型基础上改进设计一种轻量型残差网络结构，卷积残差单元如图 2-20 所示，避免网络过于复杂而导致模型泛化能力下降，同时降低网络参数和计算量，易于后续识别算法部署应用。

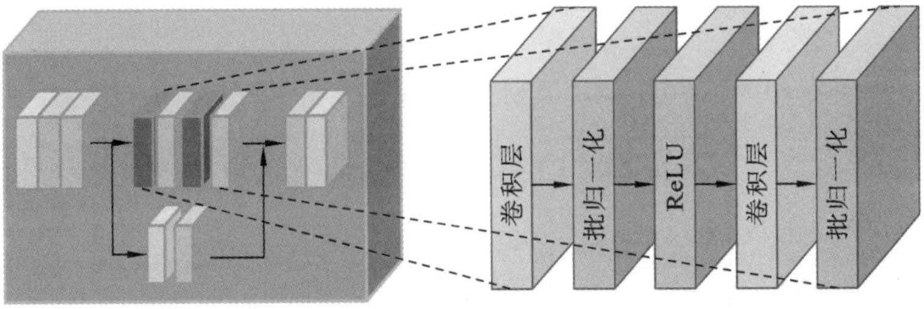

图 2-20　卷积残差基本单元

改进的内容主要在模型缩减方面，使用大小为 3×3 的卷积核，卷积步长设置为 1，填充设置为 1 或 0。同时，LRN 仅使用 3 个卷积堆叠残差单元结构，并且消除了中间层的池化操作。在输出层的最后保留全局平均池化层，并形成全连接层 $Y_{LRN} \in R^{1\times128}$ 以便后续特征向量的拼接。

2）SAM

不同于卷积和循环神经网络通过堆叠实现上下文信息的集成，SAM 网络通过计算输入数据中任意两个位置之间的相关系数获得序列数据之间的依赖关系[26]，其改进后的实现细节如图 2-21 所示。通过对输入序列 X 进行线性变换得到查询 $Q = XW_{\mathrm{Q}}$、键 $K = XW_{\mathrm{K}}$ 和值 $V = XW_{\mathrm{V}}$。然后，经过缩放点积并使用 softmax 函数计算 Q 和 K^{T}，以得到自注意力权值矩阵 A（称为注意分数）。矩阵 A 描述了输入特征序列中所有元素之间的相关性作为一个整体，即全局信息，用于增强主导特征的表达，减少不相关冗余特征的干扰。最后，将 V 与自注意力权值矩阵 A 相乘，得到输出 O，表示全局信息加权后的特征序列。本书使用 SAM 从波形信号的全局统计特征中提取关键特征信息用于后续故障类型的识别。

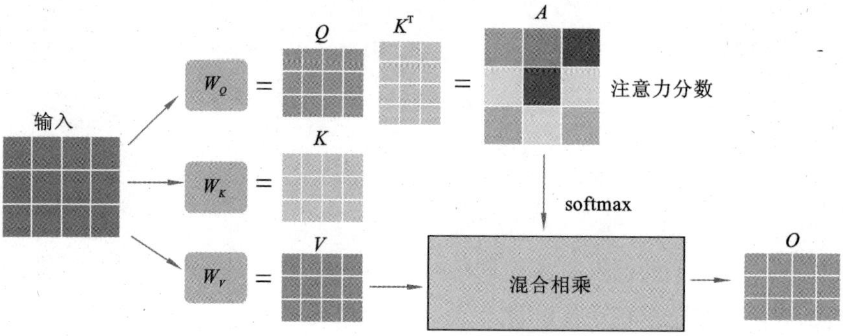

图 2-21 自注意力机制示意图

SAM 网络有 4 层，每一层都由一个“多头”自注意力模块、一个前馈层、一个添加层和正常层组成。设 $X_{\mathrm{a}}=[x_1,x_2,\cdots,x_N]\in R^{L\times D_{\mathrm{I}}}$ 为 SAM 网络的输入序列，其中 L 为序列的长度，D_{I} 为序列元素的维度。输入序列 X_{a} 通过可训练的线性投影 $W^{\mathrm{P}}\in R^{D_{\mathrm{I}}\times D_{\mathrm{M}}}$ 得到序列 $X_{\mathrm{s}}=[x_1^s,x_2^s,\cdots,x_N^s]\in R^{L\times D_{\mathrm{M}}}$。多头自注意力层的输出序列 $O\in R^{L\times D_{\mathrm{M}}}$ 表示注意力分数和序列数值混合加权相乘得到的特征序列，其计算公式如下：

$$\begin{cases} O=\mathrm{MSA}(X)=\mathrm{Concat}(h_1,h_2,\cdots,h_h)W^{\mathrm{O}} \\ h_i=\mathrm{softmax}\left(\dfrac{Q_iK_i^{\mathrm{T}}}{\sqrt{d_{\mathrm{m}}}}\right)V_i \\ Q_i=X\cdot W_i^Q,\ \ K_i=X\cdot W_i^K,\ \ V_i=X\cdot W_i^V \end{cases} \tag{2-1}$$

式中，h_i 为第 i 个注意力头部；$W^{\mathrm{O}}\in R^{h\times D_{\mathrm{M}}\times D_{\mathrm{M}}}$ 为多个线性变换操作；$W_i^Q\in R^{D_{\mathrm{M}}\times D_{\mathrm{M}}}$、$W_i^K\in R^{h\times D_{\mathrm{M}}\times D_{\mathrm{M}}}$ 和 $W_i^V\in R^{D_{\mathrm{M}}\times D_{\mathrm{M}}}$ 为对嵌入 X_{a} 的输入进行线性变换投影，得到序列对应的查询 Q、键 K 和值 V。

根据输入数据维度的大小，在 SAM 网络之后，设置全连接层 $Y_{\mathrm{SAM}}\in R^{1\times 128}$ 提取全局时频特征。最后，将局部特征信息和全局特征信息连接在一起，得到深度融合特征向量，并将其结果作为深度特征提取网络的输出。

2. 近邻边界优化的度量识别策略

针对在稀缺数据分布下训练得到的原型网络模型容易存在类别中心误差，导致分类不准确且易受到噪声的影响，本节结合“伪标签”思想提出一种原型更新的分类策略。

为了修正原型网络中聚类特征点的拟合偏差，找到产生误差的类内原型特征点，通过使用查询集中的未标记样本信息对现有数据集原型特征点进行偏移更新。具体而言，为每个查询集样本预测类别标签，设定每个查询集样本预测概率最高的类别为查询集类别，并将该类别的伪标签添加到查询集中。计算公式如下：

$$P_{\varphi}(y=j\mid x)=\frac{\mathrm{e}^{-\cos(f_{\varphi}(x_m),c_j)}}{\sum_{j=1}^{n_K}\mathrm{e}^{-\cos(f_{\varphi}(x_m),c_j)}} \tag{2-2}$$

式中，n_K 为样本的类别数；$-\cos(f_{\varphi}(x_m),c_j)$ 为查询集样本 x_m 属于类别 j 的概率；c_j 为原型点；$f_{\varphi}(x_m)$ 为嵌入函数。

通过将查询集中按照“伪标签”策略赋予标签值构造一个重组后的支持集，再使用修正过的原型网络用于小样本高阻接地故障识别中。使用新的支持集计算每个类别的新原型点，计算公式如下：

$$P_j=\frac{1}{|D_j^{\mathrm{s}}|}\sum_{(x_i,y_i)\in D_j^{\mathrm{s}}}g_{\varphi}(x_i) \tag{2-3}$$

式中，$|D_j^{\mathrm{s}}|$ 为支持集中 j 类的样本个数。

考虑到在度量空间中同类数据样本的特征分布过于分散会导致其与其他类别的样本发生重叠现象，容易使原型边界不够明确。本书设计两种不同的特征损失表示函数用于完善样本特征点在特征空间的分布。

第一个损失称为近邻损失，其目的在于减小类内样本与原型聚类特征点之间的距离，使得类别相同的样本在特征空间中更加集中。实现该目的的操作是最小化样本与原型点之间的方差，计算标记为 i 的原型聚类特征点 p_i 与所有特征点之间的欧氏距离（称为近邻距离），然后通过叠加与所有样本之间的距离得到全局近邻损失值。第二个损失称为边界损失，其目的在于增大原型数据集中类与类特征点之间的距离，使得类内原型附近不存在其他类别的样本。实现该目的的操作是最大化不同类别样本与类原型之间的距离，计算标记为 i 的类原型 p_i 与标记为 j 的所有特征之间的欧氏距离（称为入侵距离），然后构造误差校准函数计算近邻距离和入侵距离之间的差值。若误差校准小于 0，则表明没有类别不同的样本入侵到类原型的表示边界；若误差校准大于 0，则表明存在不同类别的样本入侵到该类样本的表征范围内。

在模型损失函数训练中将近邻损失和边界损失叠加构成近邻边界损失对样本的原型特征进行更新和修正，具体数学表达式如下：

$$L_{\mathrm{NB}}=y_{il}\frac{1}{2n_{\mathrm{s}}}\sum_{i=1}^{n_K}F(p_i,x_i^{S_{\mathrm{c}}})+(1-y_{il})\frac{1}{n_K}\times\sum_{i,l=1}^{n_K}[F(p_i,x_i^{S_{\mathrm{c}}})-F(p_i,x_l^{S_{\mathrm{c}}})]_{+} \tag{2-4}$$

式中，n_{s} 为单类样本的个数；i 和 l 为类型标签；$F(\cdot)$ 为欧氏距离的计算；p_i 为标签 i 的类原型；$x_i^{S_c}$、$x_l^{S_c}$ 为标签 i、l 的支持集样本的高维特征向量；$[A]_+ = \max(A,0)$ 表示误差校准。

当 $i=l$、$y_{il}=1$ 时，计算第一项损失（近邻损失）；当 $i \neq l$、$y_{il}=0$ 时，计算第二项损失（边界损失）。由此可以更加清晰地厘清原型边界损失，使得分类模型更加稳定。

3. 小样本故障检测应用方法

本节采用一种批量训练策略，即在训练过程中模拟测试过程中的小样本设置，通过从训练集中抽取多个小样本来优化网络，从而将训练好的模型推广到测试环境中。在标记数据较少的情况下，使用所提方法进行配电网故障馈线识别的流程图可以分为原始数据准备、元模型训练和更新测试验证三个部分，各部分的详细说明如图 2-22 所示。

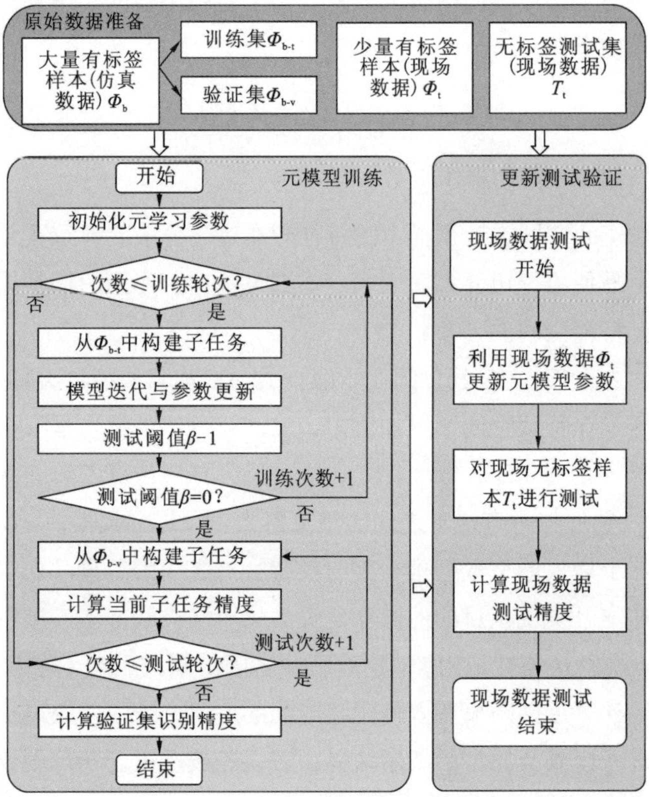

图 2-22 基于度量元学习的小样本高阻接地故障识别应用流程

1）原始数据准备

高阻接地故障识别的目的是正确预测每个未标记样本的类别标签，这些类别状态通常由数据集 T_t 中电气信息波形表示。对于 T_t 中的样本所属的每个未知类别，假设只能在数据

集 Φ_t 中收集到少量标记样本（甚至只有一个样本，通常由实际现场数据集充当）。此外，还需要准备一个大规模的标记数据集 Φ_b 用作训练和测试（通常由仿真数据集充当）。在 Φ_b 中随机选择大部分样本放入训练数据集 $\Phi_{b\text{-}t}$ 中，剩余的样本放入验证数据集 $\Phi_{b\text{-}v}$ 中。

2）元模型训练

在模型训练开始之前，设置训练轮次和测试轮次，初始化元学习器模型参数。在每个训练任务中计算损失函数，并通过反向传播更新网络参数。为了提高测试效率，设置测试阈值参数 β，即每隔 β 训练轮进行一次测试。测试任务的构造方式与训练任务相同。然后，计算与实际标签相同的预测最大概率类别标签的数量与查询样本总数的比值作为识别精度。

3）更新测试验证

在测试过程中，通过将 Φ_t 作为支持集，将 T_t 作为查询集构造测试元任务。然后，使用元学习过程中更新获得的最佳元学习器来预测测试集 T_t 中每个样本的标签。如果已知 T_t 中数据样本的真实标签，则可以获得测试准确性来评估所提出的高阻接地故障识别性能。

2.3.4　算例分析

为了验证所提方法在现场配电网的应用价值，在中国某电科院配电网真型试验场地采集数据作为真型测试集，其真型试验现场及简要拓扑如图 2-23 所示。真型试验现场由 4 根馈线组成，可模拟不同接地系统单相接地故障的真型仿真。在线路首端安装有采样频率为 6.4 kHz 的故障录波器以模拟微型 PMU（phasor measurement unit，相量测量单元）采样。通过设置不同类型接地方式、故障初相角、故障位置的接地故障以及正常工况共 300 组进行测试验证，其中 100 组数据作为分类模型识别更新，200 组数据用作测试。

同时，对所提分类模型（方法 1）与现有常见的小样本分类处理方法展开对比分析。对比的基准模型选择原型网络（方法 2）、原型修正网络（方法 3）和边界损失原型网络（方法 4）。为了保证对比的公平性，所有方法的特征提取器和参数设置均与本书相同。同时，增加可以处理小样本的域自适应迁移网络（方法 5）和生成式对抗网络（方法 6）作为对照组进行对比分析。为了突出不同方法在小样本条件下的识别性能，还对现场数据的直接训练方法（方法 7）进行了比对测试。不同方法和样本数在现场测试集上的诊断结果如图 2-24 所示。其中，1-shot、5-shot、10-shot、15-shot 和 20-shot 分别指在测试集中随机抽取 1 个、5 个、10 个、15 个和 20 个现场数据样本对模型进行更新，然后在 150 个样本中除去更新样本后的剩余样本分别进行测试。测试过程进行 5 轮，并取所有结果的平均值作为测试准确度进行展示。

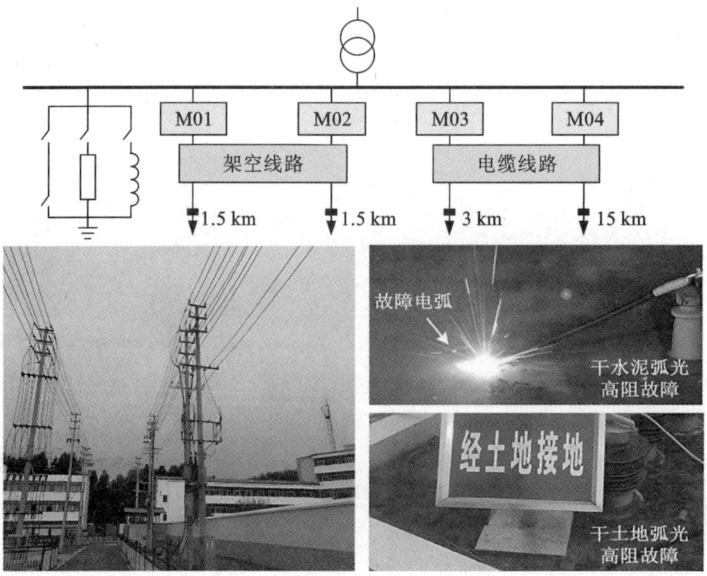

图 2-23 真型试验现场及简要拓扑图

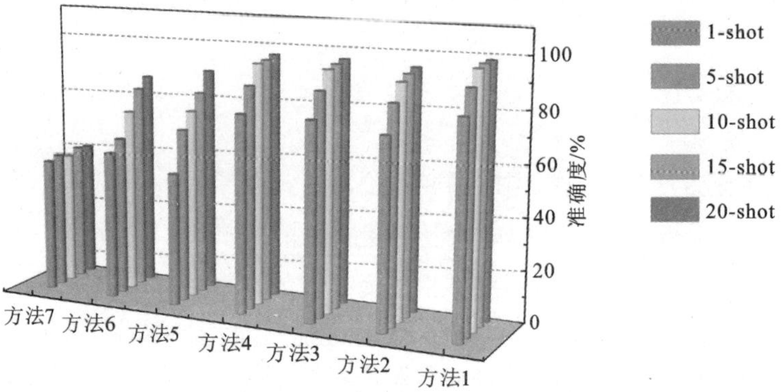

图 2-24 真型试验现场及简要拓扑图

从图 2-24 可以看出，基于度量元学习方法（方法 1、方法 2、方法 3 和方法 4）的识别精度随着样本值的增加而增加，在更新样本值为 10 时，开始趋于稳定。当更新样本值达到 15 后几乎不增加。此外，在域自适应迁移学习（方法 5）中，识别准确度随样本值的增加而增加，但始终远低于度量元学习。同时，生成对抗网络（方法 6）在这项研究的准确性低于 85%。与原型网络相比，本书所提方法在现场测试集中分别针对 1-shot、5-shot、10-shot、15-shot 和 20-shot 的识别精度提高了 8.77%、7.39%、6.58%、5.46%和 4.25%。由此可以发现现场可用数据越少，本书所提方法的识别准确率提高越大，说明所提分类策略对样本较少的任务具有更好的分类效果。考虑到样本值为 10 时故障诊断的准确率已经超过 95%，随着样本值的不断增大，识别准确率的提高程度与样本值为 10 时相比并不明显。同时，在小样本学习的范式中，当支持集数量较少时，高精度识别更有意义。因此，考虑到现场故障信号的稀缺性，本节后续测试将默认选择更新样本值为 10 作为前置分析条件。

当更新样本值为 10 时，所提方法（方法 1）在现场测试集中的识别准确率为 96.97%，相比方法 2～方法 7 的准确率分别提高了 6.58%、3.71%、3.22%、23.54%、27.69%、45.62%。所提方法与原型修正网络（方法 3）相比，利用近邻边界损失修正了样本的空间分布，明确了原型表示边界，在一定程度上解决了度量空间中的样本分布问题。与边界损失原型网络（方法 4）相比，原型校正分类策略在分类过程中增加了查询集数据，扩大了模型的信息量，提高了故障识别准确率。同时，结合两种方案优点的方法 1 的性能高于其他任何一种，证明了所提方法的应用优势。

为了进一步直观展示本书提出的小样本原型高阻识别方法的优势，图 2-25 展示了不同方法的 t 分布随机邻居嵌入（t-distributed stochastic neighbor embedding，t-SNE）可视化结果。由于原型网络（方法 2）的特性，其故障特征分布呈现出明显的聚类现象，但仍然存在分类样本混淆和叠加现象，如图 2-25（a）所示。原型修正网络（方法 3）结合特征偏移查询集中未标记样本的总体信息，使每个故障类别的分布更加聚拢，如图 2-25（b）所示。边界损失原型网络（方法 4）明确了原型表示的边界，使故障聚类之间的边界更加明显，如图 2-25（c）所示。本书所提方法结合了原型修正分类策略和边界损失的优点，更好地调整了特征的空间分布，域内距离更加集中，类间距离更加分散，如图 2-25（d）所示。即使对于难以分离的类别也有明显的分离效果，使得每种故障类型的特征都具有最佳的聚类分布。

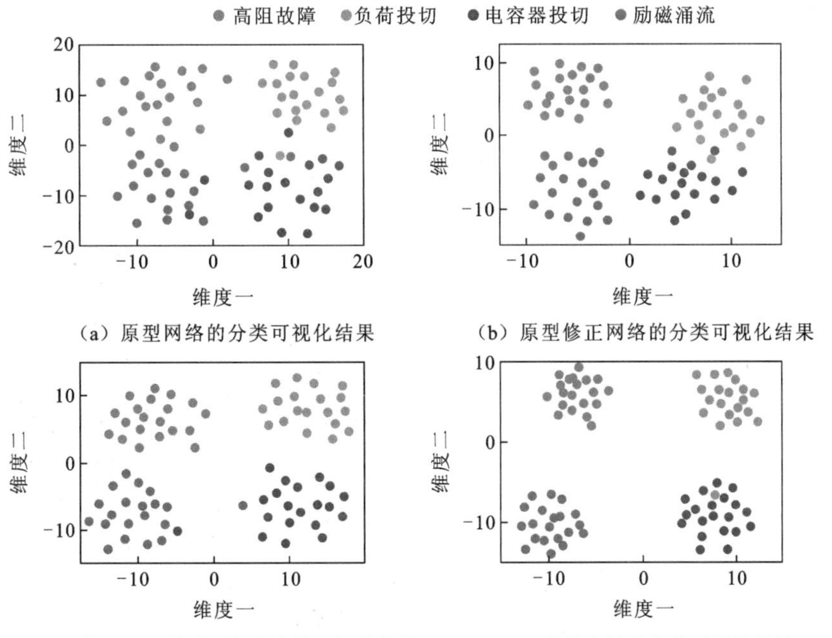

（a）原型网络的分类可视化结果　（b）原型修正网络的分类可视化结果

（c）边界损失原型网络的分类可视化结果　（d）所提方法的分类可视化结果

图 2-25　不同类型识别方法的可视化结果

2.4 本 章 小 结

本章分析介绍了基于人工智能的新型配电网故障检测方法理论及应用方案，重点关注配电网故障中特征较弱且传统方法中较难应用的高阻接地故障检测。通过理论与仿真实验分析，得出如下结论。

（1）借助数据处理手段，全面分析与表征高阻接地故障与正常扰动工况的时域、频域及时频域特征，并基于不同领域特性差异构建特征样本库，为模型输入提供电气理论基础；基于改进 SDAE 的 HIF 检测模型，不仅具备 SDAE 网络的强抗噪性能与深度提取特征能力，还综合了 ELM 高维特征分类与快速训练能力，在节省时间的同时，增强了算法的鲁棒性。

（2）针对基于数据驱动的故障识别方法在高阻接地故障情况下面临特征提取深度低、分类策略泛化性能弱和模型现场应用能力差的问题，本书提出了一种基于深度特征融合的小样本高阻接地故障识别方法。该方法基于高阻接地故障信号在离散小波分解后的时频域特征差异设计了一种强特征表达的高阻接地故障识别模型，其融合现场样本的内在信息以更新故障识别策略，具有处理真实配电网小样本诊断的能力，提高了电力人工智能的泛化性能和现场应用的可能性。

第 3 章　基于人工智能的新型配电网故障选线方法

3.1　引　　言

我国中低压配电网主要采用小电流接地方式，又称为中性点非有效接地系统，主要包括中性点经消弧线圈接地系统和中性点不接地系统。对于小电流接地方式的配电网，单相接地故障可以视为发生最为频繁的故障。在配电网发生单相接地故障时线路电压仍然保持对称，不会立即对终端造成停电影响，在一定程度上保证了配电网的供电可靠性。虽然采用小电流接地方式的配电网发生单相接地故障时可带故障运行 1～2 小时，但非故障线路的两相电压会升高到原来的 $\sqrt{3}$ 倍，对配网运行仍保留一定隐患，在恶劣运行场景中可能会发生大规模停电。由于故障线路通过对地电容构成阻抗回路，接地点的电容电流远远小于负荷电流，不仅提高了对故障检测设备的要求，还增加了单相接地故障线路的选择难度。根据统计资料显示，目前存在的大多数选线技术在现场的选线精度不理想，主要受中性点运行方式的多样性、线路结构的变化、接地故障种类以及故障信号强弱等影响。因此，小电流接地系统的配电网单相接地故障选线是维护配电网可靠运行中亟须解决的难题之一。

随着配网自动化系统的推广，各种主站配电终端投入配网以实现运行监测控制、电能智能监测等功能，各类监测数据的引入为单相接地故障选线创造了有利条件。但是，目前的配电自动化终端一般都不具备有效的单相接地故障信息检测与判别功能。因此，发挥配电自动化系统的作用，自适应实现小电流接地系统单相接地故障智能线路选择是该领域的发展方向。随着数据驱动技术的发展，深度学习以其独特的优势克服了传统算法的不足。与传统方法不同，基于人工智能的方法不需要定义特定的阈值，算法经过样本数据的训练后，可以自动计算分类边界。但是，如何确定与选线任务强相关的电气量并进行完美特征表达是实现可靠稳定选线分类器的前提，也是目前基于深度学习故障选线方法的关键问题之一。另外，基于深度学习的故障检测方法通常需要依靠大量的历史数据进行学习和训练，然而该条件对于实际故障数据有限的现实配电网是困难的。如果没有足够的真实训练数据，将导致深度学习方法过拟合和泛化能力弱。如何在考虑配电网实际工况数据样本条件下构建具备强稳定和高适应能力的模型自适应选线方案是基于深度学习故障选线方法的另一关键问题。

3.2 基于空洞卷积神经网络的配电网选线方法

本节提出一种基于变分模态分解（VMD）与空洞卷积神经网络的配电网故障选线方法。首先，分析配电网健全线路和故障线路的电气特征，采用零序电流作为故障特征信号，为选线模型的输入量提供理论依据；其次，通过变分模态分解把零序电流序列分成不同频率的固有模态函数，提高故障信号特征的平稳性和差异性；再次，采用空洞卷积神经网络作为选线网络，以增大卷积操作感受野的方式增强模型的自适应分类能力；最后，在 MATLAB/Simulink 中构建 10 kV 配电网进行算例分析，结果表明该方法在不同故障场景条件下均有较好的选线效果，验证了所提方法的鲁棒性与准确性。

3.2.1 单相接地故障特性分析

小电流接地系统分为中性点不接地系统和谐振接地系统。中性点不接地系统故障特征较明显，选线较容易，故本书重点分析谐振接地系统的故障特征，其零序网络等效电路如图 3-1 所示。其中，u_f 为故障点等效电源，R_0、L_0 分别为零序网络的等效电阻与电感，R 与 L 分别为消弧线圈的电阻与电感，C 为系统对地电容，i_L 和 i_C 分别为消弧线圈电感电流与故障电容电流。设单相接地故障的故障点等效电源 u_f 为

$$u_f = U_m \sin(\omega_1 t_1 + \varphi) \tag{3-1}$$

式中，U_m 为故障相电压幅值；ω_1 为工频角频率；φ 为故障初相角；t_1 为时间。

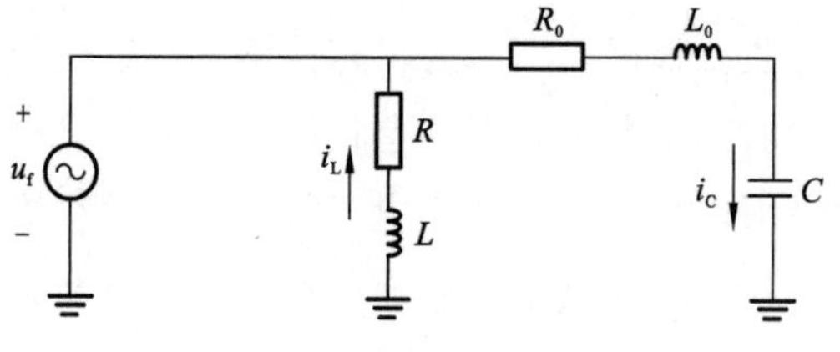

图 3-1 零序网络等效电路

在图 3-1 中，满足以下方程：

$$R_0 i_C + L_0 \frac{di_C}{dt_1} + \frac{1}{C}\int_0^{t_1} i_C dt_1 = U_m \sin(\omega_1 t_1 + \varphi) \tag{3-2}$$

$$R i_L + L \frac{di_L}{dt_1} = U_m \sin(\omega_1 t_1 + \varphi) \tag{3-3}$$

对式（3-2）、式（3-3）求解，得到系统发生单相接地故障时流过故障线路的零序电流 i_{f} 为

$$i_{\mathrm{f}} = i_{\mathrm{C}} + i_{\mathrm{L}} \tag{3-4}$$

$$i_{\mathrm{C}} = i_{\mathrm{Cos}} + i_{\mathrm{Cst}} = I_{\mathrm{Cm}}\left[\cos(\omega_1 t_1 + \varphi) + \left(\frac{\omega_{\mathrm{f}}}{\omega_1}\sin\varphi\sin\omega_{\mathrm{f}} t_1 - \cos\varphi\cos\omega_{\mathrm{f}} t_1\right)\mathrm{e}^{-\delta t_1}\right] \tag{3-5}$$

式中，i_{Cos} 为电容电流的暂态自由振荡分量；i_{Cst} 为电容电流的稳态工频分量；I_{Cm} 为电容电流幅值；ω_{f} 为暂态自由振荡分量的角频率；δ 为暂态自由振荡分量的衰减系数。

$$i_{\mathrm{L}} = i_{\mathrm{Ldc}} + i_{\mathrm{Lst}} = I_{\mathrm{Lm}}[\cos\varphi\mathrm{e}^{t_1/\tau} - \cos(\omega_1 t_1 + \varphi)] \tag{3-6}$$

式中，i_{Ldc} 为电感电流的暂态直流分量；i_{Lst} 为电感电流的稳态工频分量；I_{Lm} 为电感电流幅值；τ 为电感电流时间常数。

由式（3-4）～式（3-6）可知，发生单相接地故障时流经故障线路的零序电流含有暂态衰减分量和稳态正弦分量，特征量丰富，故本书将零序电流作为待分析信号。

3.2.2　空洞卷积神经网络模型构建

本书提出的空洞卷积神经网络结构框架由空洞卷积层、池化层、全连接层、分类层、输出层组成，其架构见图 3-2。

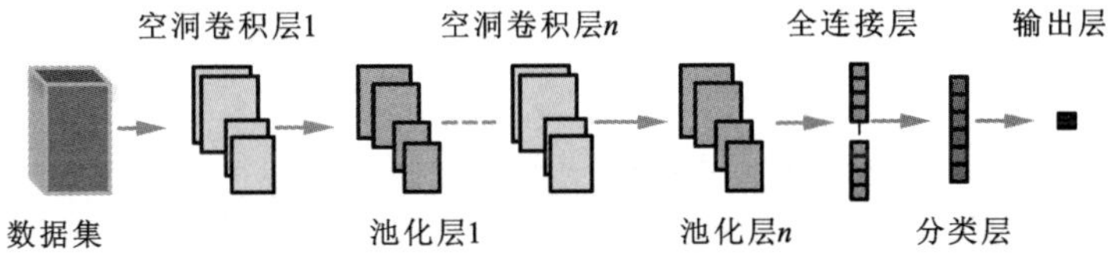

图 3-2　空洞卷积神经网络架构

空洞卷积是一种用于图像处理和计算机视觉任务的卷积操作。传统的卷积操作是在输入图像的每个像素上应用一个滤波器，从而生成输出特征图。然而，当输入图像的分辨率很高或需要更大的感受野时，传统卷积操作可能会导致较高的计算成本和较大的内存消耗。空洞卷积在卷积核的元素之间插入空洞，扩大卷积核的感受野。这种方法使得卷积核能够捕捉更广阔的上下文信息，而不需要增加计算量。在卷积核为 $C \times C$ 的网络中，插入 $D-1$ 个空洞，卷积核的有效大小 C' 为

$$C' = C + (C-1)\times(D-1) \tag{3-7}$$

式中，D 为空洞率数，当 $D=1$ 时卷积核为普通的卷积核。

输出特征图大小 F_{out} 为

$$F_{\mathrm{out}} = (F_{\mathrm{in}} - C' + 2P)/S + 1 \tag{3-8}$$

式中，P 为填充个数；S 为步长。

本书采取空洞率数分别为 1、3、5、1、3、5 的 6 层卷积结构，解决空洞卷积存在的网格效应与远距离点之间的信息可能不相关的问题，空洞卷积神经网络参数配置见表 3-1，其中将像素矩阵压缩输入至 64×64 作为空洞卷积神经网络的输入。每一层空洞卷积后面跟着批量归一化（batch normalization，BN）和激活函数，BN 层的引入可以提高该神经网络的收敛性，并且可以保持各批次的训练样本均匀分布，提高本书所提网络结构的性能。本书采用的激活函数为 ReLU 函数，其定义如下所示：

$$f(x)=\max(0,x) \tag{3-9}$$

表 3-1 网络参数配置

层名	输出特征图大小	卷积核大小	空洞率数	步长
输入层	3×64×64	/	/	/
空洞卷积层 1	32×62×62	32×3×3	1	1
空洞卷积层 2	32×56×56	32×3×3	3	1
空洞卷积层 3	32×46×46	32×3×3	5	1
最大池化层 1	32×23×23	32×2×2	1	2
空洞卷积层 4	32×21×21	32×3×3	3	1
空洞卷积层 5	32×15×15	32×3×3	5	1

池化层能够降低输出的特征图维度，减少网络参数和计算成本，抑制空洞卷积神经网络过拟合现象；分类层用于输出每条线路发生故障的概率，然后结合 softmax 函数输出发生故障概率最大的线路，实现故障选线。

3.2.3 故障选线应用流程

基于以上理论，本书综合 VMD 的时频信息特征与空洞卷积网络具有更大的感受野与自主提取特征的优势，利用 VMD 对故障零序电流数据进行分解并将其转换为时频信息特征图，通过空洞卷积神经网络对时频信息特征图自主提取故障特征，结合 softmax 函数实现配电网故障选线。基于 VMD 与空洞神经网络的故障选线具体流程如图 3-3 所示。其具体步骤如下。

（1）采集配电网各条线路的零序电流，采样频率为 4 kHz，截取故障前 1 个周波与故障后 3 个周波作为待分析信号。

（2）采用麻雀搜索算法优化 VMD 的分解层数 K 与惩罚因子 α，得到最优分解层数与惩罚因子，使得原始零序电流的特征完全表现出来，从而便于准确获得零序电流经 VMD 后的模态分量。

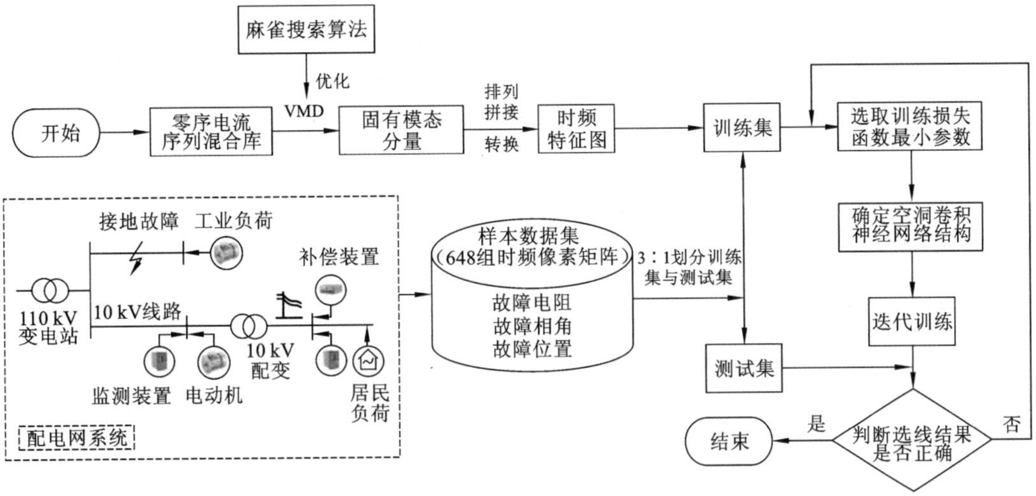

图 3-3　故障选线流程图

（3）对采集到的零序电流数据进行 VMD，把得到的模态分量按照高频到低频顺序排列，然后按照线路顺序拼接，构造成时频信息矩阵并通过伪彩色编码，转换成具有图像性质的像素矩阵，如图 3-4 所示。

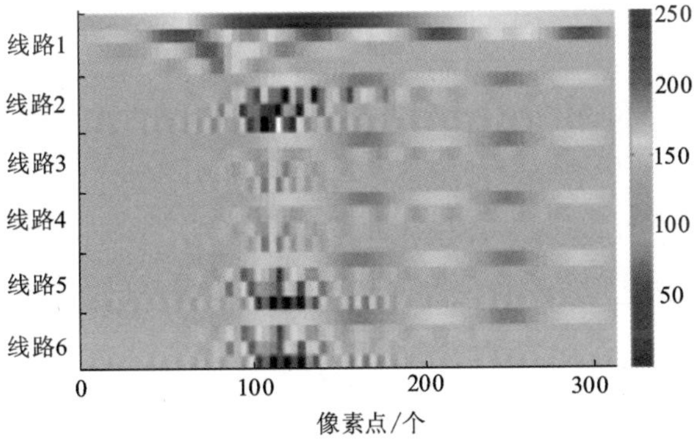

图 3-4　时频信息像素矩阵图

（4）构建神经网络模型，具体结构为空洞卷积层、池化层及全连接层，并结合 softmax 函数，实现故障特征选取与故障选线。

（5）将构造的时频信息像素矩阵按照设定的比例划分训练集和测试集，通过训练集样本对空洞卷积神经网络进行训练，其中学习率设置为 0.0001，批量样本数为 10，迭代次数为 100，之后用测试集测试训练后的神经网络。

3.2.4　算例分析

实验采用 MATLAB/Simulink 仿真软件搭建谐振接地系统的单相接地故障模型，对故障进行仿真分析，系统模型如图 3-5 所示。该系统为具有 6 条线路的 110 kV/10 kV 配电网，每条线路由电缆线路或架空线路组成，L_{arc} 为接在中性点消弧线圈的电感，R_{arc} 为消弧线圈的电阻。

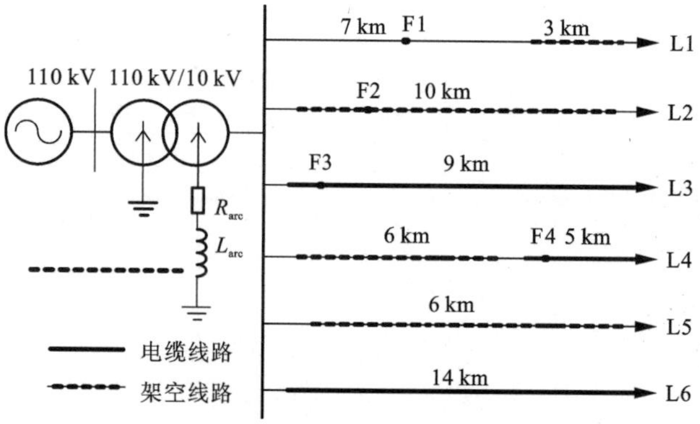

图 3-5 110kV/10 kV 配电网仿真模型图

采集各条线路的零序电流，采样频率为 4 kHz，分别截取故障前一个周波和故障后三个周波的数据作为待分析信号，故障相角为 0°、30°、60°、90°，接地电阻分别为 0.01 Ω、50 Ω、500 Ω。故障位置从线路首端到线路末端，每隔 1 km 为一个故障点。共获得（60−6）×4×3 = 648 组数据。

实验在 Windows 10 操作系统下进行，采用 MATLAB R2021a 作为编程软件。仿真过程中，改变故障电阻、故障相角和故障位置共采集 648 组数据，训练集和测试集按照 3∶1 进行划分，即 486 组训练样本，162 组测试样本。

为了验证本书所提空洞卷积算法的优越性，与相同层数的普通卷积神经网络的选线准确率进行对比，实验结果如图 3-6 所示。

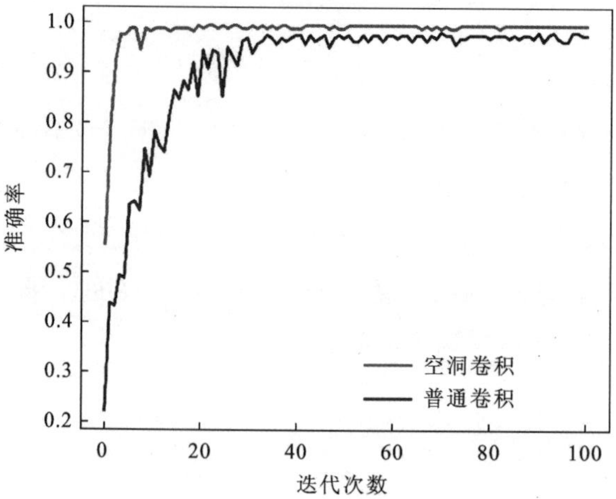

图 3-6 准确率对比图

由图 3-6 可知本章所采用的空洞卷积网络模型故障准确率达到了 100%，显著优于普通卷积网络，同时，空洞卷积神经网络达到准确率稳定点所用的时间与迭代次数更少。

为了验证本书算法的快速性，将相同数据集在相同条件下达到相同准确率所用的时间与迭代次数进行对比，实验结果如表 3-2 所示。

表 3-2　准确率相同情况下的对比实验

网络模型	准确率/%	时间/s	迭代次数
空洞卷积	98	21	6
普通卷积	98	115	37

表 3-2 表明，在相同的准确率下，本章所提的空洞卷积神经网络的迭代次数比普通卷积约少 83.8%，用时约少 81.7%。

为了验证本章所提空洞卷积神经网络的优越性，在相同训练时间下，对比准确率与迭代次数，实验结果如表 3-3 所示。

表 3-3　训练时间相同情况下的对比实验

网络模型	时间/s	准确率/%	迭代次数
空洞卷积	150	100	44
普通卷积	150	96.6	49

由表 3-3 可知，在相同的训练时间下，空洞卷积神经网络的准确率比普通卷积提高了 3.4 个百分点，空洞卷积的迭代次数略少。

为了进一步验证本书所提空洞卷积算法的泛化能力，将空洞卷积与普通卷积的损失值进行对比，实验结果如图 3-7 所示。

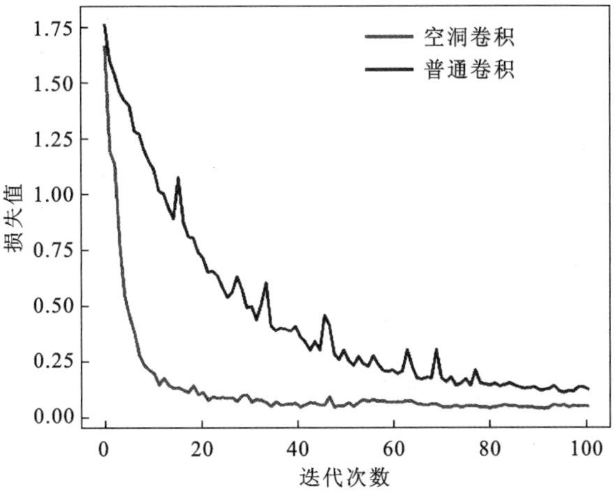

图 3-7　损失值对比图

由图 3-7 可知，普通卷积的初始损失值约为 1.75，空洞卷积的初始损失值略少，约为 1.63，当迭代约 10 轮后损失值下降到 0.2 左右，最终损失值约为 0.04；普通卷积的迭代次数约为空洞卷积的 5 倍，普通卷积的最终损失值比空洞卷积的损失值高 3 倍左右，约为 0.12。

综上所述，本章所提出的空洞卷积神经网络算法在故障选线准确率和快速性方面表现出一定的优势，并且具有较高的性能和泛化能力，证明了空洞卷积神经网络在故障选线问题中的优越性。

由于配电网故障条件复杂多变，为验证本章故障选线方法在不同场景下的鲁棒性和可靠性，把得到的不同场景下的样本数据输入训练后的空洞卷积神经网络中，由于训练集和测试集包含不同故障电阻、故障相角、故障位置样本数据，并且根据 3.2.4 节分析可知，空洞卷积神经网络选线准确率可达 100%，故本书所采用算法基本不受故障位置、故障接地电阻、故障初相角的影响，具有一定的鲁棒性和可靠性。

3.3 基于领域自适应迁移学习的配电网故障选线方法

数据驱动的人工智能方法，特别是卷积神经网络在配电网故障诊断中取得了优异的表现。然而，卷积神经网络严重依赖海量数据。当数据量减少时，故障诊断性能会显著下降。为此，本节提出一种考虑领域自适应的深度迁移学习方法用于主动配电网故障选线。首先，利用嵌套注意力机制的卷积神经网络提取主动配电网暂态零序电流的故障特征；注意力机制的引入使得卷积神经网络更加关注故障信号中感兴趣的部分来提取故障特征。其次，利用领域自适应迁移学习实现小样本故障的可靠诊断。采用子域自适应，调整同一类别下相关子域的分布。所提出的子域自适应不但能很好地对齐全局分布，而且能有效地对齐同类别子域的分布。最后，在 MATLAB/Simulink 中搭建不同运行方式的主动配电网对所提方法进行测试验证。结果表明，所提方法可以在现场样本较少的情况下实现高精度、强鲁棒性的主动配电网故障馈线识别。

3.3.1 领域自适应迁移学习简介

迁移学习是指利用数据、任务或模型之间的相似性，将在旧领域学习过的模型应用于新领域的一种学习过程。其中有一个重要的概念即“领域”，通常使用 D 表示。领域上的样本数据包括输入 x 和输出 y，其概率分布记为 $P(x,y)$，即数据服从这一分布。分

别用 X 和 Y 表示数据所处的特征空间和标签空间，则对于任意一个样本 (x_i, y_i) 都有 $x_i \in X, y_i \in Y$，此时领域可表示为 $D = \{X, Y, P(x, y)\}$。

在迁移学习中至少包含两个领域，即源域（source domain）和目标域（target domain）。源域是拥有知识和大量数据标注的领域，是迁移学习的对象，通常用 D_s 表示；目标域是赋予知识、赋予标注的对象，通常用 D_t 表示。迁移学习的总体思路可以概括为：开发算法来最大限度地利用有标注的源域知识，通过寻找源域和目标域之间的相似性，辅助目标域的知识获取和学习，当知识从源域传递到目标域时，迁移过程完成。其形式化定义为：给定源域 $D_\mathrm{s} = \{x_i^\mathrm{s}, y_i^\mathrm{s}\}$ 和目标域 $D_\mathrm{t} = \{x_i^\mathrm{t}, y_i^\mathrm{t}\}$，利用源域数据去学习一个目标域上的预测函数 $f: x^\mathrm{t} \to y^\mathrm{t}$，使得 f 在目标域上拥有最小的预测误差（用 l 来衡量）：

$$f^* = \arg\min_f E_{(x,y)\in D_\mathrm{t}} l[f(x_i^\mathrm{t}), y_i^\mathrm{t}] \tag{3-10}$$

现有基于迁移学习的故障选线方法大多通过历史数据或海量仿真数据进行训练，然后使用同一学习任务下的数据在训练好的网络中进行预测或分类。在此过程中假设源域数据和目标域数据的分布相同，然而这一假设并不总是成立。在实际应用过程中，需要通过域自适应使源域和目标域的数据分布更接近。其基本思想是，对于任务相同但在特征空间中分布不一致的源域和目标域，域自适应通过求解一个最优的投影矩阵，将两域数据投影到新的特征空间中，将不同的数据分布的距离拉近。而如何对源域和目标域样本在特征空间中的分布距离进行衡量，成为计算最优特征投影矩阵的关键，常用的有库尔贝克-莱布勒（Kullback-Leibler，KL）散度、沃瑟斯坦（Wasserstein）距离、最大均值差异（maximum mean discrepancy，MMD）等，本节选用 MMD 来度量源域和目标域样本之间的分布距离。

MMD 是一种非参数度量，用于在再生核希尔伯特空间中基于核嵌入来度量分布之间的距离。对于给定的源域数据集 $D_\mathrm{s} = \{x_i^\mathrm{s}, y_i^\mathrm{s}\}$ 和目标域数据集 $D_\mathrm{t} = \{x_i^\mathrm{t}, y_i^\mathrm{t}\}$，用核函数的内积形式对希尔伯特空间进行非线性映射，其计算公式如下：

$$\mathrm{MMD}(D_\mathrm{s}, D_\mathrm{t}) = \left\| \frac{1}{n_\mathrm{s}} \sum_{i=1}^{n_\mathrm{s}} \phi(x_i^\mathrm{s}) - \frac{1}{n_\mathrm{t}} \sum_{i=1}^{n_\mathrm{t}} \phi(x_i^\mathrm{t}) \right\|_\mathrm{H}^2 \tag{3-11}$$

式中，x_i^s 和 x_i^t 分别为源域数据集 D_s 和目标域数据集 D_t 的样本；n_s 和 n_t 分别为源域和目标域的样本大小；ϕ 为重构核希尔伯特空间中的非线性映射函数，通过 $\phi(x)$ 将每个样本映射到与核 $k(x_i, x_j) = \phi(x_i)^\mathrm{T} \phi(x_j)$ 相关联的希尔伯特空间 H，则式（3-11）可简化为

$$\begin{aligned} \mathrm{MMD}(D_\mathrm{s}, D_\mathrm{t}) &= \left\| \frac{1}{n_\mathrm{s}} \sum_{i=1}^{n_\mathrm{s}} \phi(x_i^\mathrm{s}) - \frac{1}{n_\mathrm{t}} \sum_{i=1}^{n_\mathrm{t}} \phi(x_i^\mathrm{t}) \right\|_H^2 \\ &= \frac{1}{n_\mathrm{s}^2} \sum_{i=1}^{n_\mathrm{s}} \sum_{j=1}^{n_\mathrm{s}} k(x_i^\mathrm{s}, x_j^\mathrm{s}) + \frac{1}{n_\mathrm{s}^2} \sum_{i=1}^{n_\mathrm{t}} \sum_{j=1}^{n_\mathrm{t}} k(x_i^\mathrm{t}, x_j^\mathrm{t}) - \frac{2}{n_\mathrm{s} n_\mathrm{t}} \sum_{i=1}^{n_\mathrm{s}} \sum_{j=1}^{n_\mathrm{t}} k(x_i^\mathrm{s}, x_j^\mathrm{t}) \end{aligned} \tag{3-12}$$

式中，选取高斯核函数进行域间 MMD 计算，即

$$k(x_i, x_j) = \exp\left(-\frac{\| x_i - x_j \|^2}{2\sigma^2}\right) \tag{3-13}$$

式中，σ 为核函数的宽度，决定平滑程度。

域自适应迁移学习方法将 MMD 度量方法作为正则化方法嵌入有监督的反向传播训练中，通过此过程训练网络参数从而优化监督准则，使源域和目标域的隐藏层特征表示数据分布的差异减少，从而提升迁移效果，其示意图如图 3-8 所示。

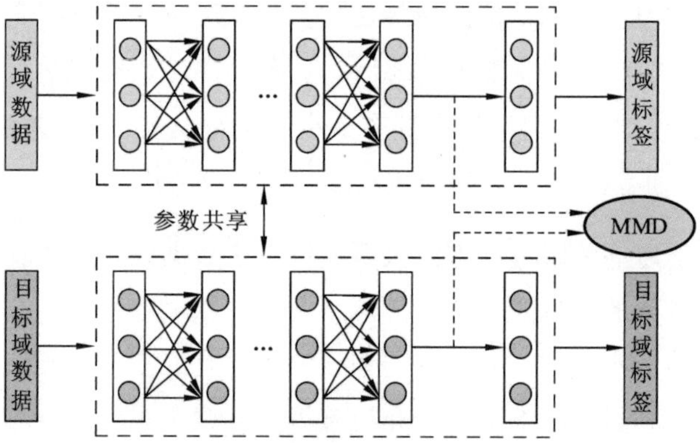

图 3-8 域自适应迁移学习示意图

3.3.2 基于领域自适应的配电网选线模型

为了更好地对故障特征进行挖掘，选用卷积神经网络建立特征提取模型。通常情况下，CNN 的基本体系结构由三种层构成，分别是卷积层（convolutional layer）、池化层（pooling layer）和全连接层（fully connected layer）。

由于池化操作丢失了特征的位置信息，这将对数据序列敏感的时间序列产生影响。为此，本书利用卷积块注意力模块（convolutional block attention module，CBAM）来实现关键特征和数据维数的提取与降维，如图 3-9 所示。

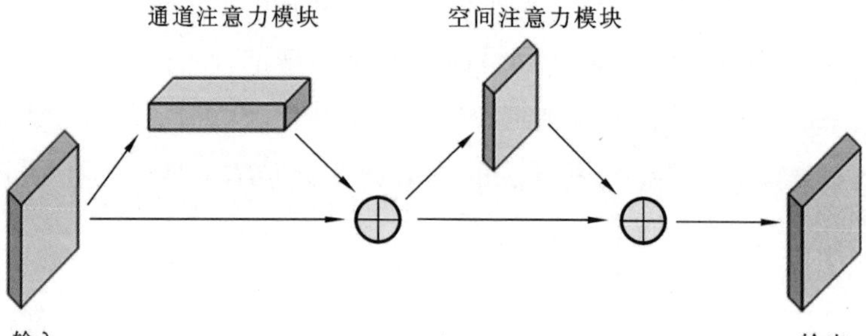

图 3-9 卷积块注意力模块结构

CBAM 的核心在于，卷积神经网络的特征图中不仅通道中含有丰富的注意力信息，通道内部的特征图上也含有大量的注意力信息。与其他注意力机制相比，其不仅关注了通道上的注意力信息，还汇总了空间中的注意力信息。CBAM 通过构建两个子模块：空间注意力模块（spatial attention module，SAM）、通道注意力模块（channel attention module，CAM），分别汇总空间和通道两方面的注意力信息并进行融合，从而获得更全面的注意力信息。主要实现步骤如下。

（1）记输入的原始特征图为 $F \in R^{C\times H\times W}$，其中的 H、W 分别代表输入特征图的高和宽，C 为通道数。通过自适应平均池化和自适应最大池化对特征图 F 的全局空间信息进行压缩，生成两个尺寸为 $C\times1\times1$ 的特征图 S_1、S_2。

（2）通道注意力机制。为充分利用压缩操作提取的特征信息，获取通道间的相关性，S_1、S_2 通过共享由两个全连接层和 ReLU 非线性激活函数组成的多层感知机（multi-layer perceptron，MLP）得到两个一维特征图。对两图按通道进行求和操作后，使用 Sigmoid 函数进行归一化，得到各通道尺寸为 $C\times1\times1$ 的输出值 $M_{\mathrm{C}}(F)$。上述过程的数学表达式如下：

$$\begin{aligned} M_{\mathrm{C}}(F) &= \sigma\{g[\mathrm{AvgPool}(F)] + g[\mathrm{MaxPool}(F)]\} \\ &= \sigma\left\{g\left[\frac{1}{H\times W}\sum_{i=1}^{H}\sum_{j=1}^{W} f_x(i,j)\right] + g\left[\max_{i\in H,\, j\in W} f_x(i,j)\right]\right\} \end{aligned} \tag{3-14}$$

式中，σ 为 Sigmoid 函数；g 为多层感知机；$f_x(i,j)$ 为输入特征图 F 的通道 x 中坐标为 (i,j) 点的像素值。

（3）空间注意力机制。将输入特征图 F 与各通道权重值 $M_{\mathrm{C}}(F)$ 相乘，得到能够有效体现关键通道信息的特征图 F'。以通道特征重新标定后得到的特征图 F' 作为输入，在通道维度上分别做平均池化和最大池化操作，得到特征图 $P_1 \in R^{1\times H\times W}$、$P_2 \in R^{1\times H\times W}$ 后将其拼合成为 $P_3 \in R^{2\times H\times W}$。利用卷积层对 P_3 中不同位置的信息进行编码与融合，得到空间加权信息 $M_{\mathrm{S}}(F')$，用于区分图像不同空间位置的重要程度。上述过程的数学表达式如下：

$$M_{\mathrm{S}}(F') = \sigma\{h[\mathrm{AvgPool}(F');\mathrm{MaxPool}(F')]\} \tag{3-15}$$

式中，h 为卷积层。

将输入特征图 F' 与各通道权重值 $M_{\mathrm{S}}(F')$ 相乘，得到能够包含通道维度信息、空间位置信息的显著特征图 F''，进而提升模型的特征学习和表达能力。本书构建的融合注意力机制的 CNN（AM-CNN）故障选线模型如图 3-10 所示。

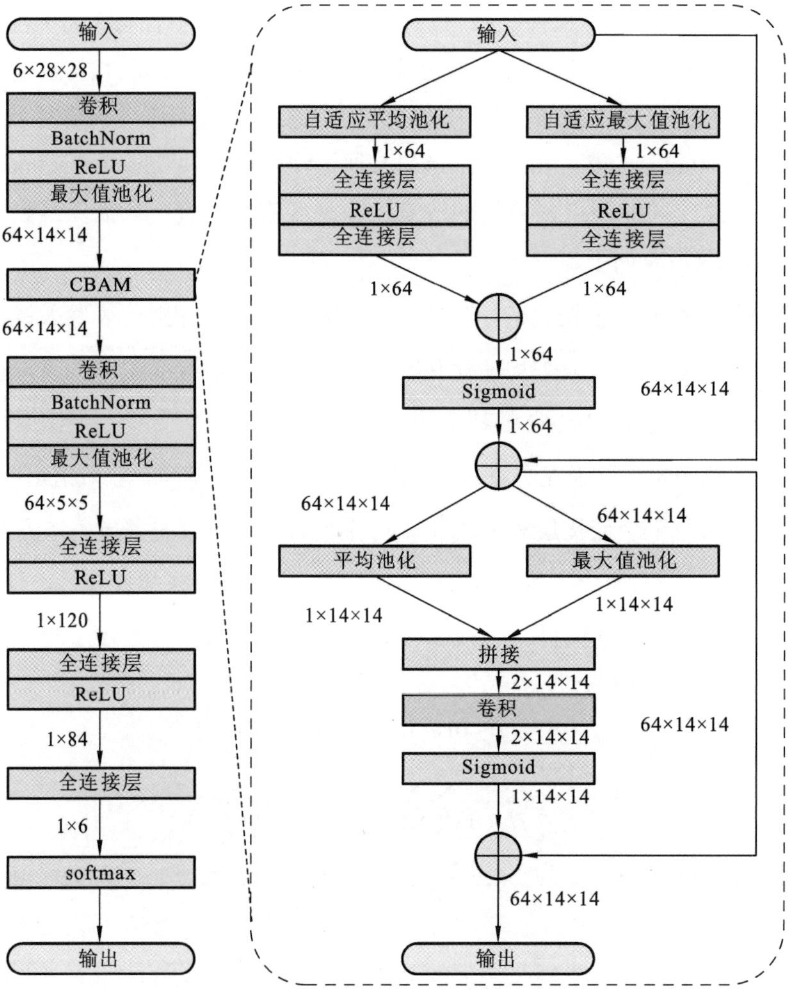

图 3-10 融合注意力机制的卷积神经网络模型结构

3.3.3 小样本场景下故障选线应用方案

为实现有源配电网故障馈线的高精度和强鲁棒性识别，解决故障选线模型从仿真到实践应用过程中的小样本问题，本节提出一种基于域自适应迁移学习的有源配电网故障选线方法，其方法流程如图 3-11 所示，主要包括特征提取器、故障识别器和域自适应训练三个部分。

（1）在仿真阶段，搭建与实际配电网运行工况相同的仿真模型，并在馈线出口处搭建 μPMU（微型 PMU）装置。通过模拟不同故障情况（即不同故障线路、故障位置、故障接地电阻、故障初相角），使用 μPMU 装置采集暂态零序电流。

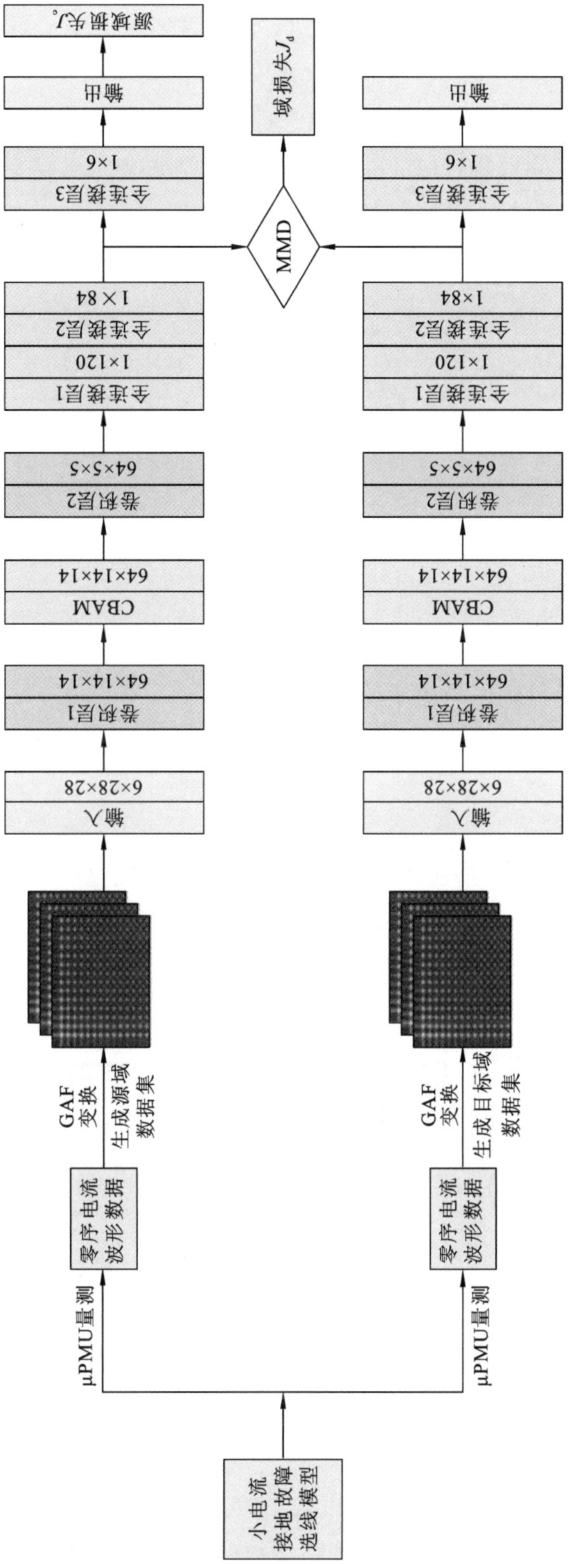

图 3-11 基于域自适应迁移学习的配电网故障选线流程

（2）对暂态零序电流数据进行数据预处理（包括数据标准化、GAF 变换），将一维时间序列转换为二维图像，生成带标签的源域故障数据集。

（3）利用含注意力机制的卷积神经网络，提取有源配电网暂态零序电流的可迁移特征，引导分类器输出正确预测目标的同时，获取分类器在源域数据集上的交叉熵损失函数 J_{c}。

（4）实用阶段，定义源域和目标域数据集之间的 MMD 距离 J_{d} 度量源域和目标域的数据分布差异，满足

$$J_{\mathrm{d}}=\frac{1}{C}\sum_{c=1}^{C}\left[\sum_{i=1}^{n_{\mathrm{s}}}\sum_{j=1}^{n_{\mathrm{s}}}\omega_i^{\mathrm{sc}}\omega_j^{\mathrm{sc}}k(z_i^{\mathrm{s}},z_j^{\mathrm{s}})+\sum_{i=1}^{n_{\mathrm{t}}}\sum_{j=1}^{n_{\mathrm{t}}}\omega_i^{\mathrm{tc}}\omega_j^{\mathrm{tc}}k(z_i^{\mathrm{t}},z_j^{\mathrm{t}})-2\sum_{i=1}^{n_{\mathrm{s}}}\sum_{j=1}^{n_{\mathrm{t}}}\omega_i^{\mathrm{sc}}\omega_j^{\mathrm{tc}}k(z_i^{\mathrm{s}},z_j^{\mathrm{t}})\right] \tag{3-16}$$

式中，ω_i^{sc} 和 ω_i^{tc} 为属于 c 类样本 x_i^{s} 和 x_i^{t} 的权重；C 为数据集中类别的数量。

则总损失函数为

$$J=J_{\mathrm{c}}+\alpha J_{\mathrm{d}} \tag{3-17}$$

式中，α 为平衡超参数。

通过对总损失函数 J 进行优化，将模型从源域数据中学习到的知识自适应地迁移到目标域数据中，从而对目标域的故障线路进行分类。

3.3.4 算例分析

在 MATLAB/Simulink 中搭建如图 3-12 所示的 10 kV 配电网模型进行仿真实验。该系统为一典型 10 kV 辐射型配电网络，包含 6 条出线。

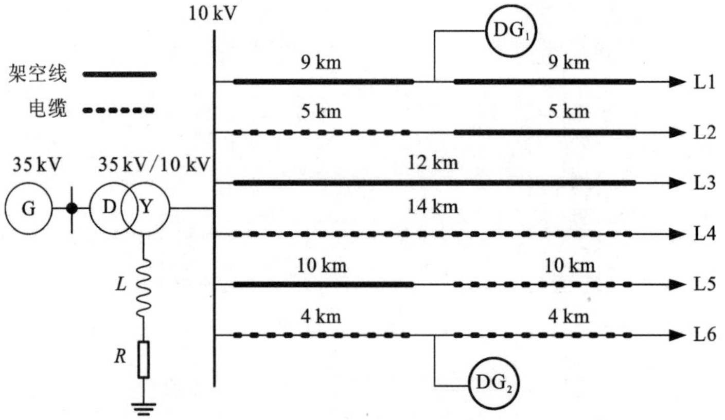

图 3-12 10 kV 配电网拓扑

图 3-12 中馈线 L1、L3 为架空线路，L4、L6 为电缆线路，L2、L5 为架空线-电缆混合线路，线路长度均在图 3-12 中标注，线路参数如表 3-4 所示，各线路均在馈线出口处

安装 μPMU 装置获取故障数据。变压器容量为 250 MV·A，变比为 35 kV/10.5 kV，采用 Dyn11 接法，其中性点采用消弧线圈接地方式，补偿度为 8%，即消弧线圈的电感参数 $L = 0.3885\,\text{H}$，电阻参数为 $R = 3.662\,\Omega$。分布式电源 1 为光伏，容量为 3 MV·A，经隔离变压器接入馈线 L1；分布式电源 2 同样为光伏，容量为 2 MV·A，经隔离变压器接入馈线 L6。

表 3-4　线路参数

线路类型	相序	电阻/（Ω/km）	电感/（H/km）	电容/（μF/km）
架空线路	正序	0.1700	1.2100	0.0097
	负序	0.2300	5.4800	0.0060
电缆线路	正序	0.2650	0.2550	0.1700
	负序	2.5400	1.0190	0.1530

根据上述仿真设置，设置 1080 个运行场景生成源域数据，其中包括不同故障线路、故障位置、故障接地电阻、故障初相角。另外，为了方便对面向新配电网的故障选线迁移方案做验证，还设置中性点不接地系统、中性点直接接地系统以及中性点经电阻接地系统以生成目标域数据。表 3-5 给出了源域数据样本的参数。

表 3-5　样本参数

故障线路	故障位置	故障接地电阻	故障初相角
L1、L2、 L3、L4、 L5、L6	10%、20%、30%、 40%、50%、60%、 70%、80%、90%	0.01 Ω、10 Ω、 100 Ω、500 Ω、 1000 Ω	0°、30°、 60°、90°

1. 源域测试结果对比分析

本书采用 F 分数对故障选线模型的精度进行评估，其计算公式为

$$\begin{cases} F = 2\times\dfrac{P\times R}{P+R} \\ P = \dfrac{\mathrm{TP}}{\mathrm{TP}+\mathrm{FP}} \\ R = \dfrac{\mathrm{TP}}{\mathrm{TP}+\mathrm{FN}} \end{cases} \tag{3-18}$$

式中，真阳性（true positive，TP）表示实际为正、预测为正的样本；假阳性（false positive，FP）表示实际为负、预测为正的样本；假阴性（false negative，FN）表示实际为正、预测为负的样本。F 分数可以兼顾分类模型精确率（P）和召回率（R），从而多维度评估故障选线模型的分类效果。

1）初相角、故障距离、接地电阻的有效性

采用本书所提 AM-CNN 方法对图 3-12 所示配电网进行故障选线，验证不同过渡电阻、不同故障初相角和不同故障距离对模型性能的影响。

在故障位置发生在线路 50%位置，故障初相角为 0° 时，分别设置故障电阻为 1 Ω、50 Ω 和 300 Ω；在故障接地电阻为 10 Ω，故障位置发生在线路 50%位置时，分别设置故障初相角为 20°、45° 和 180°；在故障接地电阻为 10 Ω，故障初相角为 0° 时，分别设置故障位置在线路的 25%、45%和 85%位置处。以上三种情况用本书所提方法得到的故障选线结果精度如表 3-6 所示。

表 3-6 故障选线模型评估

故障类型	参数	定位精度/%
不同故障电阻	1 Ω	100
	50 Ω	100
	300 Ω	100
故障初相角	20°	100
	45°	100
	180°	100
故障位置	25%	100
	45%	100
	85%	100

2）抗噪声的有效性

为验证本书故障定位方法对噪声的适应性，分别在表 3-7 所设置的各故障场景下，添加不同信噪比的高斯噪声对所提方法进行测试验证。不同噪声水平下的平均定位精度如表 3-7 所示。

表 3-7 不同噪声水平下的平均定位精度

噪声水平	定位精度/%
20 dB	99.81
30 dB	99.72
40 dB	99.73
50 dB	99.16

以上结果表明，模型性能基本不受故障电阻、故障初相角和故障位置的影响，且对量测数据噪声具有良好的适应性。

3）源域网络模型有效性分析

为验证本书所提嵌入注意力机制的 CNN 模型在源域数据集上的有效性，设置基于 CNN 的故障选线方案，并与本书所提方案进行对比，如图 3-13 所示。

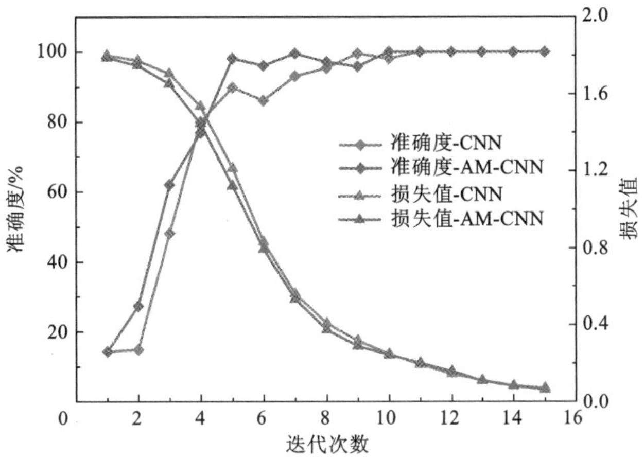

图 3-13　故障选线方案效果对比图

由图 3-13 可以看出，基于 CNN 的故障选线模型需要迭代 10 轮才可以收敛，而融合注意力机制的 CNN 故障选线模型只需要迭代 5 轮就可以收敛，说明注意力机制的引入能够加快模型收敛速度，同时精度也稍有提升。

2. 目标域测试结果对比分析

目前大多数故障选线模型主要依靠大量仿真数据进行训练，而从仿真平台到实际应用过程中，必须面对小样本问题。因此，本小节首先分析目标域数据量对模型效果的影响，然后从有无域自适应、不同方案对模型效果进行验证。

1）目标域数据量效果对比

为验证本书所提基于域自适应迁移学习的故障选线方案对于目标域数据量的敏感性，使用不同数量的目标域数据对模型效果进行评估，结果如图 3-14 所示。

图 3-14 中虚线表示将源域数据训练的 AM-CNN 故障选线模型直接迁移到目标域时，模型平均精度为 73.67%；利用一定数量的目标域数据对模型再次训练后，模型精度随数据量的增加而提升。当目标域数据量少于 100 组时，模型精度反而下降，说明产生了负迁移。基于此，后续均使用 1000 组目标域数据进行分析。

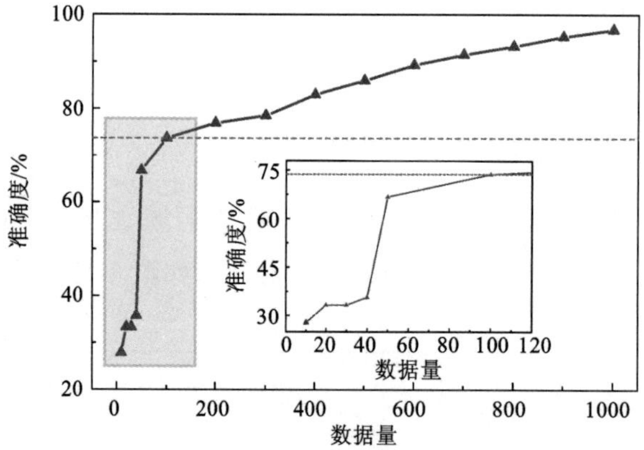

图 3-14 使用不同目标域数据量的选线方案效果对比

2）有无域自适应情况下迁移学习效果对比

为验证本书所提域自适应对于迁移学习故障选线模型建立的有效性，基于融合注意力机制的 CNN 故障选线模型，分别使用域自适应迁移方法和微调迁移方法进行对比，结果如图 3-15 所示。

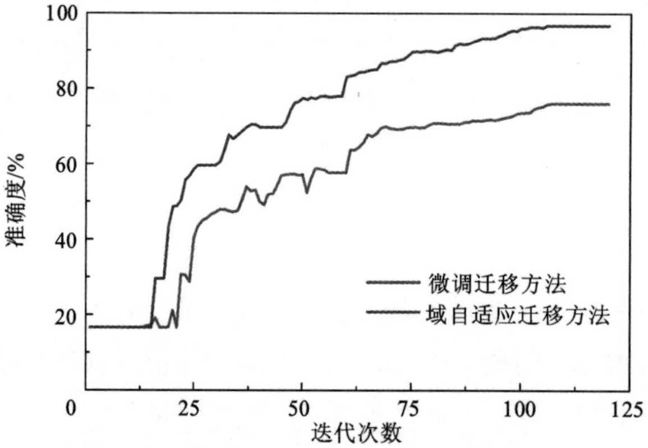

图 3-15 有无域自适应情况下的迁移效果对比

利用含注意力机制的 CNN 模型融合迁移学习，并通过微调方法进一步优化部署，以原始场景下的模型参数作为初始参数，用新场景的一部分样本作为训练集，冻结隐藏层，对全连接层参数进行微调处理，可以提升模型的适用能力。从图 3-15 可以看出，本书所提方法通过域自适应迁移学习理论能够进一步提升模型在目标域数据上的泛化能力。图 3-16 通过 t 分布随机近邻嵌入（t-SNE）算法对模型目标域分类结果进行可视化展示。

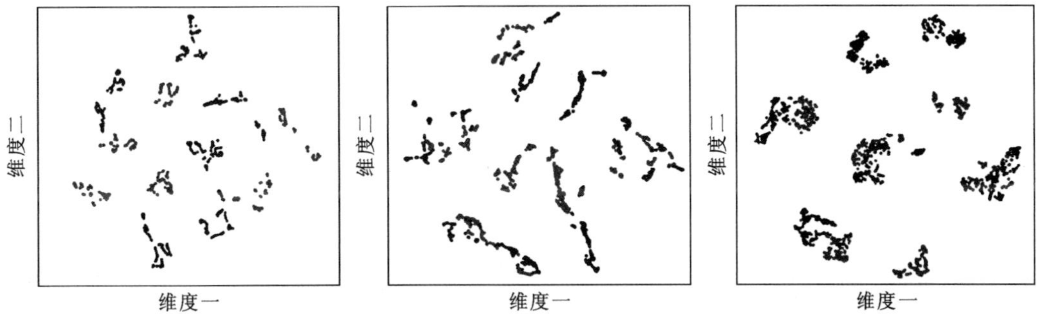

（a）基于AM-CNN方法　（b）基于微调迁移的方法　（c）基于域自适应迁移的方法

图 3-16　不同故障选线方法效果对比及在目标域上的分类结果可视化展示

由图 3-16 能够直观地看出目标域数据（蓝色）与源域数据（红色）的分布情况（可扫封底二维码看彩图）。基于 AM-CNN 而不对其进行迁移处理的方法虽然具备一定的分类和聚类能力，但效果并不显著。在此基础上，基于微调迁移的方法能够提升有限的泛化能力。而本书所提基于域自适应迁移的方法能够在目标域上实现较好的分类效果。以 CNN 为基础模型，不同故障选线方法在目标域上的效果对比如表 3-8 所示。

表 3-8　不同故障选线方法在目标域上的效果对比

方法	注意力机制	迁移方法	训练时间/s	执行时间/s	精度/%
1	无	无	18.63	2.14	66.67
2	有	无	27.43	2.89	73.67
3	无	微调	19.41	3.03	76.02
4	有	微调	34.37	3.09	82.78
5	有	域自适应	36.00	3.12	96.80

从表 3-8 可以看出，方法 1 通过多次迭代仍无法高质量完成目标域选线任务，主要原因在于目标域与源域的数据存在不同，导致模型在目标域上的泛化能力较低。在此基础上，方法 2 对源模型添加注意力机制，模型收敛速度加快，但在目标域上的选线精度仍无法有较大提升。方法 3 和方法 4 分别在方法 1 和方法 2 的基础上，对全连接层的超参数进行微调处理，能够提升一定的精度，但仍然无法达到较高水平。而本书所提方法（方法 5）通过嵌入注意力机制和域自适应迁移学习，加快了模型收敛速度，同时泛化能力也维持在较高水平。因此，本书所提方法能够实现高精度、强鲁棒性的故障馈线识别，可为故障选线模型从源域迁移到目标域应用提供一种有效方法。

3.4 本章小结

本章针对基于人工智能的新型配电网故障选线方法展开研究，分别提出了一种基于空洞卷积神经网络的配电网选线方法和一种基于领域自适应迁移学习的故障选线方法，通过理论与仿真实验分析，结论如下。

（1）利用 SSA 优化的 VMD 对零序电流数据进行分解，避免了模态混淆问题，便于后续神经网络进行故障特征提取与选线；相比于普通卷积神经网络，空洞卷积神经网络对故障特征提取有较大的感受野，减少了神经网络的参数和计算成本，能更好地自主挖掘故障特征；结合 VMD 与空洞卷积神经网络进行故障选线，可以提高故障选线的准确性，并且在不同故障电阻、故障相角、故障位置具有较强的鲁棒性和较高的准确性。

（2）通过 GAF 变换对故障波形信息进行特征增强，并在卷积神经网络中嵌入注意力机制，提高模型对关键信息的敏感程度，有效提升选线模型准确度；提出基于域自适应迁移学习的故障选线方法，将源域模型选线知识迁移到目标数据中，提升基于深度学习的故障选线方法在无标签小样本条件下的定位能力；在配电网不同运行环境下，对比测试了所提方法的有效性，同时采用 t-SNE 算法可视化算例测试结果，为算法提供可解释性分析。

第 4 章　基于人工智能的新型配电网故障区段定位方法

4.1 引　　言

快速准确定位故障区段位置有利于迅速排除故障，缩短停电时间，减少人工寻找故障点的工作量。常见的基于物理模型的区段定位方法的依据是利用故障点上游和下游的电气信息量所呈现出的特征差异性实现故障区段定位。然而，随着配电网的多信息耦合程度的不断提高，故障特征的变化也更加复杂，使得在配电网运行场景改变的情况下传统的物理模型区段定位方法的准确性、可靠性和有效性全方位下降。数据驱动的智能定位方法凭借其完善的建模和数据处理能力，有利于融合多点量测的故障信息，在针对配电网故障区段定位问题中有很大的优势。同时，深度学习算法的兴起解决了模型学习能力不足、数据处理性能不高和泛化能力不强等问题，灵活的模型结构和可调节的网络深度为配电网的故障分析和定位开拓了新的空间。

故而，基于数据驱动的配电网故障区段定位方法也应具备随着配电网运行状态改变的自更新、自进化能力，从而不断适应新型配电网的发展。让已有定位模型能够快速融合电力系统的图论拓扑知识，进行逻辑推理和学习，是实现数据驱动下配电网故障区段定位的核心问题。

4.2 基于图卷积网络的配电网故障区段定位方法

本节针对基于传统 CNN 的故障定位方法无法融合配电网拓扑的问题，利用图卷积网络（graph convolutional network，GCN）建立包含配电网信息的故障定位模型。首先通过类比 CNN 分析频域上的 GCN，推导谱图上的卷积公式，阐明其结构和优点以及应用于配电网故障定位任务中的可行性。然后以配电网邻接矩阵、电压电流相量以及零序特征为输入建立基于 GCN 的配电网故障定位模型，通过算例仿真，验证模型具有快速性、准确性和鲁棒性的优点，并分析融合配电网拓扑信息的 GCN 算法相比于 CNN 的优点。

4.2.1 图论角度的配电网拓扑信息分析

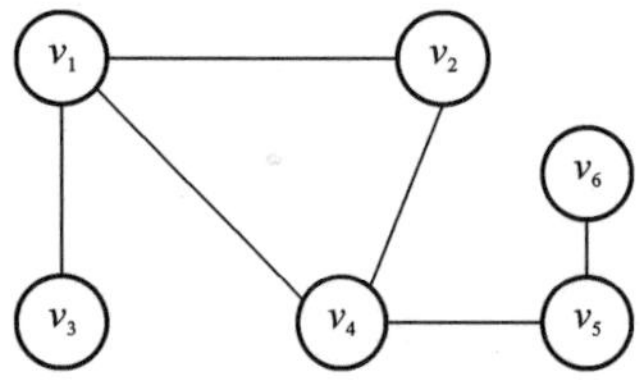

图 4-1 图 G 的结构图

图论是一种描述图形之间关系的表示方法，以图形为研究对象，由一组描述图形中某些事物特定关系的节点和边组成。对于一个图 $G=(V,E)$，节点 V 表示图中某一特定的事物或者研究对象的集合，$V=\{v_1,v_2,\cdots,v_n\}$，其中 n 表示图中有 n 个节点；边 E 表示事物之间的某种关系的集合，$E=\{e_1,e_2,\cdots,e_m\}$，其中 m 表示图中有 m 条边。对于图 4-1 所示的图 G，节点数 n=6，边数 m=6，$V=\{v_1,v_2,v_3,v_4,v_5,v_6\}$，$E=\{(v_1,v_2),(v_1,v_3),(v_1,v_4),(v_2,v_4),(v_4,v_5),(v_5,v_6)\}$。

在图 $G=(V,E)$ 中，如果存在一条边 e 连接两个节点 v_i 和 v_j，则称节点 v_j 是节点 v_i 的邻居节点，以 v_i 为端点的边的数目称为节点 v_i 的度，用 $N(v_i)$ 表示节点 v_i 所有邻居节点的集合，$\deg(v_i)$ 表示节点 v_i 的度，则节点的度与邻居节点和边之间存在式（4-1）所示的关系：

$$\begin{cases}\deg(v_i)=|N(v_i)| \\ \sum\limits_{v_i}\deg(v_i)=2|E|\end{cases} \tag{4-1}$$

从节点 v_i 出发沿着一些边到达节点 v_j，中间经过了一些顶点 $v_{p_1},v_{p_2},\cdots,v_{p_q}$，经过的边所组成的序列 $P_{ij}=(e_{v_ip_1},e_{p_2p_3},\cdots,e_{p_qv_j})$ 称为从节点 v_i 到节点 v_j 的一条路径，节点 v_i 到节点 v_j 的距离定义为

$$d(v_i,v_j)=\min(|P_{ij}|) \tag{4-2}$$

若 $d(v_i,v_j)=k$，则节点 v_j 称为节点 v_i 的 k 阶邻居。特别地，$d(v_i,v_j)=0$。如果一个图 $G'=(V',E')$ 中的节点和边集都是图 $G=(V,E)$ 中节点和边集的子集，且满足式（4-3），则将其称为顶点 v_i 的 k 阶子图。

$$\begin{cases}G_{v_i}^{(k)}=(V',E') \\ V'=\{v_j \mid \forall v_j,d(v_i,v_j)\leqslant k\} \\ E'=\{e_{ij} \mid \forall v_j,d(v_i,v_j)\leqslant k\}\end{cases} \tag{4-3}$$

对于图 4-1 中的节点 v_1，邻居节点 $N(v_i)=\{v_2,v_3,v_4\}$，节点 v_1 的度 $\deg(v_1)=3$。节点 v_2、v_3、v_4 是节点 v_1 的一阶邻居，节点 v_5 是节点 v_1 的二阶邻居，节点 v_6 是节点 v_1 的三阶邻居。

图的邻接矩阵是用矩阵来存储图形的一个二维数组，如用矩阵 A 来表示图 G 的邻接

矩阵，$A \in R^{n \times n}$，若节点之间有相互连接的情况，对应矩阵中的值为 1，节点之间没有连接关系，则对应矩阵中的值为 0。矩阵 A 中的元素 a_{ij} 可用式（4-4）表示：

$$a_{ij} = \begin{cases} 1, & (v_i, v_j) \subseteq E \\ 0, & (v_i, v_j) \notin E \text{ 或 } i = j \end{cases} \tag{4-4}$$

邻接矩阵的规模与图的节点数目有关，是一个对称正定的方阵。邻接矩阵的存储格式为用一个一维数组表示节点的集合，用一个二维数组表示矩阵。对于实际应用中的图，邻接矩阵通常是稀疏的，会有大量的 0 值，所以在后续编程过程中采用了稀疏矩阵的格式，大大降低了邻接矩阵的空间复杂度[46]。

图的度矩阵 D 是一个对角矩阵，对角线上的元素是图中各个节点的度，表示和节点相连的边的数量，对于图 4-1 所示的图 G，其邻接矩阵 A 和度矩阵 D 分别为

$$A = \begin{pmatrix} 0 & 1 & 1 & 1 & 0 & 0 \\ 1 & 0 & 0 & 1 & 0 & 0 \\ 1 & 0 & 0 & 0 & 0 & 0 \\ 1 & 1 & 0 & 0 & 1 & 0 \\ 0 & 0 & 0 & 1 & 0 & 1 \\ 0 & 0 & 0 & 0 & 1 & 0 \end{pmatrix}, \quad D = \begin{pmatrix} 3 & 0 & 0 & 0 & 0 & 0 \\ 0 & 2 & 0 & 0 & 0 & 0 \\ 0 & 0 & 1 & 0 & 0 & 0 \\ 0 & 0 & 0 & 3 & 0 & 0 \\ 0 & 0 & 0 & 0 & 2 & 0 \\ 0 & 0 & 0 & 0 & 0 & 1 \end{pmatrix} \tag{4-5}$$

从图论的角度看，电力网络具有天然的图结构，配电网大多为树形辐射状，在不考虑内部元件信息的情况下，可以将其抽象为由节点和边构成的图。图 4-2 为某配电网的拓扑图，图中共有 14 个节点，13 条边，其中顶点一般是负荷节点和量测节点等配电网电气节点，边由架空线路或电缆线路组成。

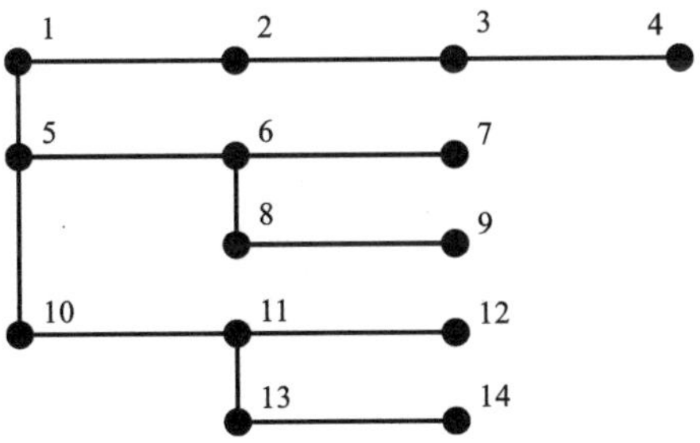

图 4-2　10 kV 配电网拓扑图

在配电网拓扑图上，每个节点都有由电压电流值组成的节点信号，各个节点之间通过相连接的边来进行信息传递，通过节点特征和相连通的拓扑结构信息，可以实现节点之间特征的传递和局部特征提取，从而准确地识别拓扑改变所带来的节点特征变化。对于图 4-2 所示的配电网，取其馈线 2，即 5～9 节点所组成的子图，以节点 6 为中心节点，图 4-3 为其一阶邻居节点的特征传递示意图。其中，节点之间的连接线表示配电网拓扑

结构，也就是输入的邻接矩阵，每个节点上的竖线表示节点信号，也就是量测到的电压电流特征量，长度相同表示每个节点都有相同维度的特征。图中节点 6 的一阶邻居节点，即节点 5、节点 7、节点 8 将其特征通过边传递给中心节点 6，从而实现多节点特征的融合。

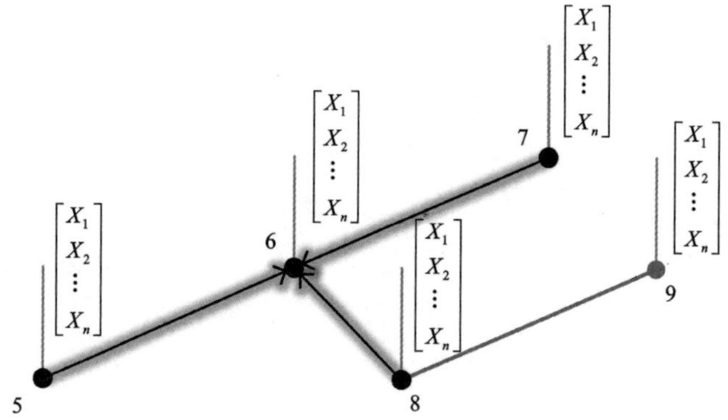

图 4-3　节点特征传递示意图

精确的拓扑模型是进行故障定位的基础，网络重构情况下配电网的节点和支路数可能会发生改变。邻接矩阵包含了拓扑结构的重要信息，是后续建立图神经网络模型所需要的重要工具，对于图 4-2 所示的配电网拓扑图，如由于配网优化等情况断开节点 3 和节点 4 之间的连接支路，将其连接到节点 7 上，其邻接矩阵由 A 变化为 A'，如由于故障隔离等情况直接切断节点 13 和节点 14 之间的连接支路，其邻接矩阵少了一行和一列，在 A 的基础上去掉了虚线框中的值，邻接矩阵的变化情况如式（4-6）所示：

$$
A=\begin{pmatrix}
0&1&0&0&1&0&0&0&0&0&0&0&0&0\\
1&0&1&1&0&0&0&0&0&0&0&0&0&0\\
0&1&0&1&0&0&0&0&0&0&0&0&0&0\\
0&0&1&0&0&0&0&0&0&0&0&0&0&0\\
0&1&0&0&0&1&0&0&0&1&0&0&0&0\\
0&0&0&0&1&0&1&1&0&0&0&0&0&0\\
0&0&0&0&0&1&0&0&0&0&0&0&0&0\\
0&0&0&0&0&1&0&0&1&0&0&0&0&0\\
0&0&0&0&0&0&0&1&0&0&0&0&0&0\\
0&0&0&0&1&0&0&0&0&0&1&0&0&0\\
0&0&0&0&0&0&0&0&0&1&0&1&1&0\\
0&0&0&0&0&0&0&0&0&0&1&0&0&0\\
0&0&0&0&0&0&0&0&0&0&1&0&0&1\\
0&0&0&0&0&0&0&0&0&0&0&0&1&0
\end{pmatrix},\quad
A'=\begin{pmatrix}
0&1&0&0&1&0&0&0&0&0&0&0&0&0\\
1&0&1&1&0&0&0&0&0&0&0&0&0&0\\
0&1&0&\boxed{0}&0&0&0&0&0&0&0&0&0&0\\
0&0&\boxed{0}&0&0&0&\boxed{1}&0&0&0&0&0&0&0\\
0&1&0&0&0&1&0&0&0&1&0&0&0&0\\
0&0&0&0&1&0&1&1&0&0&0&0&0&0\\
0&0&0&\boxed{1}&0&1&0&0&0&0&0&0&0&0\\
0&0&0&0&0&1&0&0&1&0&0&0&0&0\\
0&0&0&0&0&0&0&1&0&0&0&0&0&0\\
0&0&0&0&1&0&0&0&0&0&1&0&0&0\\
0&0&0&0&0&0&0&0&0&1&0&1&1&0\\
0&0&0&0&0&0&0&0&0&0&1&0&0&0\\
0&0&0&0&0&0&0&0&0&0&1&0&0&1\\
0&0&0&0&0&0&0&0&0&0&0&0&1&0
\end{pmatrix}
\tag{4-6}
$$

在配电网邻接矩阵变化之后，节点 3、节点 4、节点 6、节点 7 的故障特征也相应地发生变化，通过图神经网络聚合邻居节点提取特征的方式，可以将节点特征的变化更好地表现出来，从而增强模型提取故障特征的能力，实现配电网物理拓扑和数据特征的统一结合。

4.2.2　图卷积网络配电网故障特征表达

为了将卷积高效提取特征的能力应用到图域中，借助图谱的理论来定义图上的卷积运算，大概过程是，利用图的拉普拉斯矩阵的特征值和特征向量导出频域上的拉普拉斯算子，再通过类比欧氏空间的傅里叶变换得到图上的傅里叶变换，从而得到图上的卷积，下面对这个过程进行具体阐述。

对于一个图来说，拉普拉斯矩阵可以定义为它的度矩阵和邻接矩阵的差值，对于图 4-1 所示的图 G，其拉普拉斯矩阵可以表示为

$$L = D - A = \begin{pmatrix} 3 & -1 & -1 & -1 & 0 & 0 \\ -1 & 2 & 0 & -1 & 0 & 0 \\ -1 & 0 & 1 & 0 & 0 & 0 \\ -1 & -1 & 0 & 3 & -1 & 0 \\ 0 & 0 & 0 & -1 & 2 & -1 \\ 0 & 0 & 0 & 0 & -1 & 1 \end{pmatrix} \tag{4-7}$$

由于拉普拉斯矩阵是一个对称的正定矩阵，只有在对角线和与中心节点直接相连的一阶邻居节点上有值，可以对其进行特征分解，且其特征值一定为非负数，特征向量互相正交。定义 Δ 为归一化之后的拉普拉斯矩阵，特征分解后的表达式可写作

$$\begin{gathered} \Delta = I - D^{-\frac{1}{2}} A D^{-\frac{1}{2}} \\ \Delta = U \begin{pmatrix} \lambda_1 & 0 & \cdots & 0 \\ 0 & & \ddots & 0 \\ 0 & 0 & \cdots & \lambda_n \end{pmatrix} U^{-1} \end{gathered} \tag{4-8}$$

式中，I 为单位矩阵；D 为度矩阵；A 为邻接矩阵；$U=(u_1,u_2,\cdots,u_n)$ 和 $\lambda=\mathrm{diag}(\lambda_1,\lambda_2,\cdots,\lambda_n)$ 为特征分解之后的特征向量和特征值。由于特征向量 U 和特征值 λ 满足式（4-9），对传统傅里叶变换的基 $\mathrm{e}^{-\mathrm{i}\omega t}$ 求拉普拉斯算子，也就是二阶导，可以得到式（4-10）。

$$AU = \lambda U \tag{4-9}$$

$$\Delta \mathrm{e}^{-\mathrm{i}\omega t} = \frac{\partial^2}{\partial t^2} \mathrm{e}^{-\mathrm{i}\omega t} = -\omega^2 \mathrm{e}^{-\mathrm{i}\omega t} \tag{4-10}$$

将式（4-10）和式（4-9）做类比，$\mathrm{e}^{-\mathrm{i}\omega t}$ 就是 Δ 的特征向量，$-\omega^2$ 就是 Δ 的特征值，由于拉普拉斯矩阵的特征向量 U 互相正交，所以 U 可以构成图上函数空间的一组基。类比于欧氏空间的傅里叶变换，便可以得到谱图上离散函数的图傅里叶变换和其矩阵形式：

$$F(\lambda_l)=\sum_{i=1}^{n}f(i)u_l^*(i)$$
$$F\{x\}=U^{\mathrm{T}}x \tag{4-11}$$

式中，$f(i)$ 为图上第 i 个顶点的相量；$u_l^*(i)$ 为特征向量 $u_l(i)$ 的共轭；$F\{x\}$ 为图傅里叶变换的矩阵形式。对于函数 f 和 g，其卷积可以表示为其函数傅里叶变换乘积的逆变换：

$$f*g=F^{-1}\{F[f(\omega)]F[g(\omega)]\}=(1/2\pi)\int f(\omega)g(\omega)\mathrm{e}^{\mathrm{i}\omega t}\mathrm{d}\omega \tag{4-12}$$

将其类比到图上，卷积核 g 的图傅里叶变换可以表示为

$$F[g(\lambda_l)]=\sum_{i=1}^{N}g(i)u_l^*(i) \tag{4-13}$$

将其相乘再求图傅里叶逆变换，则可以得到图上的卷积公式：

$$g*f=U(U^{\mathrm{T}}g\cdot U^{\mathrm{T}}f) \tag{4-14}$$

式中，g 为卷积核函数；f 为图上的信号向量；U 为图的拉普拉斯矩阵的特征向量。由此便得到了 GCN 的核心卷积公式，可以对包含配电网拓扑图结构的数据进行特征提取。

从模型的角度看，与 CNN 的特点相同，随着卷积层数的增加，GCN 可以聚合的邻居节点的信息也在增加，每多一层卷积运算，中心节点便更能够感受到一阶邻居节点的信息。如图 4-4 所示，CNN 的感受域从 1 变为 2×2，再变为 3×3，同样地，GCN 的感受域从中心节点变为一阶邻居节点，再变为二阶邻居节点，除此之外，CNN 和 GCN 的特征更新都是与卷积运算强耦合在一起的，由此可见，GCN 有很强的感受全局的能力，是从全局的视角去提取特征的。

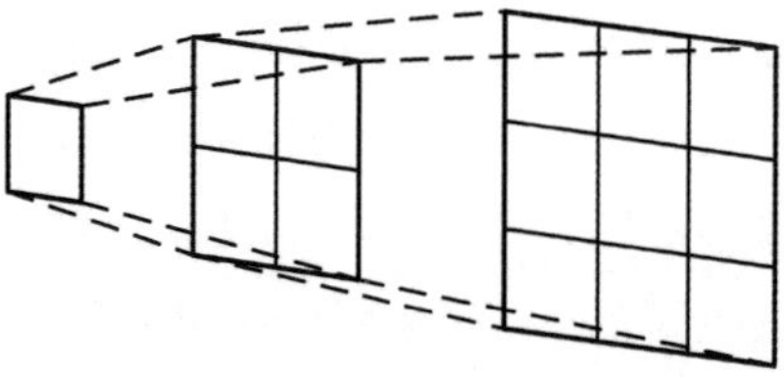

（a）CNN

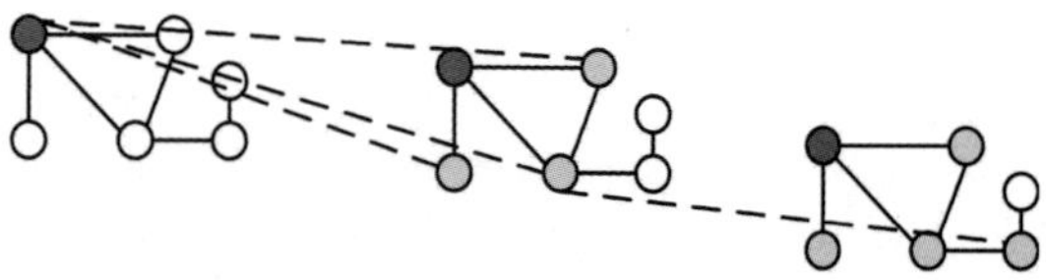

（b）GCN

图 4-4　CNN 和 GCN 感受域的变化

GCN 模型的结构与 CNN 类似，一般包括输入层、图卷积层（graph convolutional layer，GCL）、池化层、全连接层（fully-connected layer，FCL）和输出层，其中的图卷积层用来提取节点特征，图 4-5 是一个具有 3 个 GCL 的结构示意图，输入通常是表示图结构的邻接矩阵 A 和表示节点特征的矩阵 X，输出的是每个节点新的特征 X'。在每个 GCL 中，卷积核通过在图中的节点上进行滑动来聚合邻居节点的信息，每多一层 GCL，便能多聚合一阶子图的信息，但是卷积层数过多会使得每个节点嵌入的特征相似，容易出现过平滑的问题，所以 GCL 的层数一般设置为 2～3 层，本书所用的 GCN 图卷积层数为 2 层。

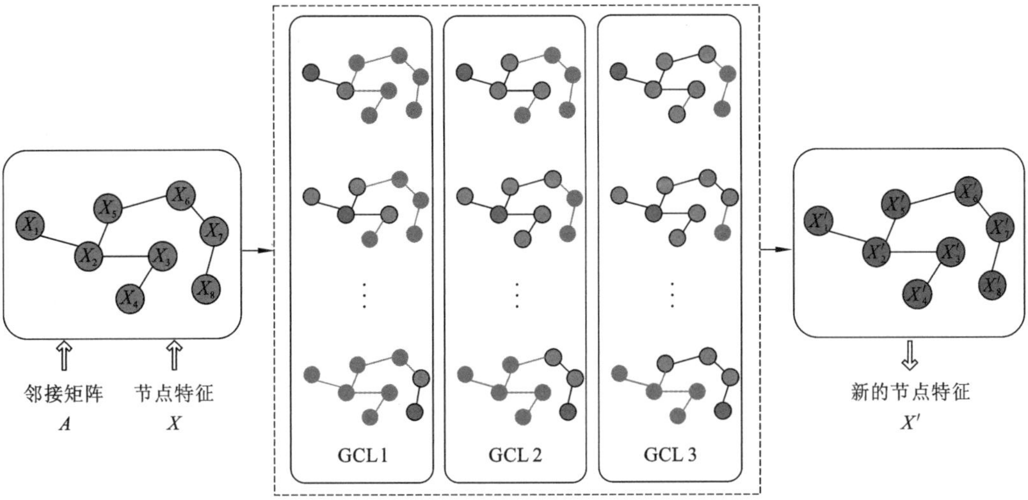

图 4-5　图卷积层结构示意图

4.2.3　基于图卷积网络的故障区段定位模型

据 4.2.1 节的描述，GCN 在 CNN 的基础上拓展延伸，既拥有 CNN 卷积核的特点，又可以应用于非欧几里得领域，具有提取图结构数据特征的能力。4.2.1 节已经对配电网的图论表示进行了详细的分析，配电网是一种典型的图结构数据，在其他基于人工智能的配电网故障定位模型的基础上，利用 GCN 对配电网进行故障定位建模，既可以利用大规模数据快速准确、抗干扰能力强等优点，又不丢失配电网本身的拓扑结构信息，提高了配电网故障定位模型提取特征的能力和拓扑泛化能力。

图信号是定义在节点上的，节点之间的关联结构对图上的信号特征影响极大，相同的信号在不同的图上具有不同的性质。所以 GCN 模型的输入包含两大部分：表示节点特征的电压电流数据和表示配电网结构信息的拓扑数据。节点信号太多会使数据处理复杂化，太少会影响故障特征的提取，经过大量的实验，最后采用 μPMU 采集到的电压电流相量幅值和零序电压电流幅值作为输入的数据特征，从而既包含丰富的故障信息，又不至于使模型过于复杂。

本书所用的 μPMU 按每个周波两个采样点进行采样，幅值误差不超过±0.2%，μPMU 具有同步性强、精度高、误差小和可计算等优点，所提供的多特征量为配电网小电流接地故障的定位问题提供了可靠的数据基础。据此，每个节点的输入特征向量 $X=\{U_1,U_2,U_3,I_1,I_2,I_3,U_0,I_0\}$，$X\in R^{n\times 8}$（$n$ 为配电网 μPMU 的量测点数），同时采用配电网邻接矩阵 A 作为模型输入的拓扑数据，$A\in n\times n$。每条支路故障对应一个标签，标签数量取决于配电网支路数，将配电网故障定位问题看成分类问题，模型的输出是对应的故障支路标签。

基于 GCN 的配电网故障定位流程图如图 4-6 所示，采用文献[68]中所用的切比雪夫多项式来加速求解，降低复杂度，输入的节点数据 X 经过两个图卷积层和一个全连接层（FCL），最后采用 softmax 连接，输出故障判别结果。图卷积层的第 j 个输出特征可表示为

$$y_j = \sum_{i=1}^{M_i} g_\alpha(\lambda_l) x_i \tag{4-15}$$

式中，g 为卷积核；M_i 为上一卷积层图滤波器的数目，对于第一个卷积层，M_i 等于输入 X 的特征数，对于最后一个卷积层，M_i 对应全连接层的参数。

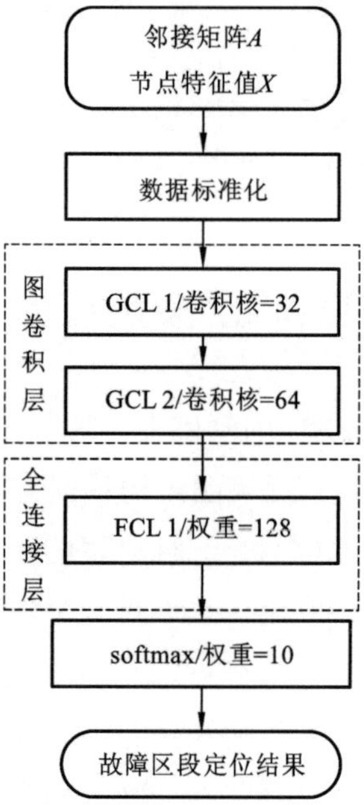

图 4-6 基于 GCN 的配电网故障定位流程图

为了排除异常数据产生的不良影响，在输入数据之后增加了对数据标准化的处理，将数据按比例进行缩放，采用式（4-16）所示的最大最小标准化的方法，将输入的特征限定在[0, 1]之内。

$$x' = \frac{x - \min(x)}{\max(x) - \min(x)} \tag{4-16}$$

式中，x 为输入样本中的特征向量；x'为标准化之后的特征向量；$\max(x)$为样本中的最大值；$\min(x)$为样本中的最小值。

由于是多分类问题，并且实际配电网运行中故障的发生是少数状态，实际配电网中存在故障数据和正常数据的不平衡，故采用 F_1 函数来对配电网故障定位模型进行评估，其计算公式为

$$
\begin{cases}
F_1 = 2\times\dfrac{p_c\times r_c}{p_c + r_c} \\
p_c = \dfrac{\sum\limits_{i=1}^{c}\mathrm{TP}_i}{\sum\limits_{i=1}^{c}\mathrm{TP}_i + \sum\limits_{i=1}^{c}\mathrm{FP}_i} \\
r_c = \dfrac{\sum\limits_{i=1}^{c}\mathrm{TP}_i}{\sum\limits_{i=1}^{c}\mathrm{TP}_i + \sum\limits_{i=1}^{c}\mathrm{FN}_i}
\end{cases}
\tag{4-17}
$$

式中，TP_i 表示第 i 类样本本身为正样本预测也为正样本，即成功判定配电网为正常状态；FP_i 表示第 i 类样本本身为负样本错将其预测为正样本，即将故障状态判定为正常状态；FN_i 表示第 i 类样本本身为正样本错将其预测为负样本，即将正常状态判定为故障状态。假设共有 c 类样本，p_c 表示总的精确率，r_c 表示总的召回率。F_1 作为总精确率（p_c）和总召回率（r_c）的调和平均数兼顾了这两个指标，适用于多分类存在数据不平衡问题的模型验证。

对于 GCN 来说，故障定位任务是基于图域构建的，每条支路故障对应一个标签，根据故障支路上下游节点的故障特征差异来定位故障支路，本书所用的 GCN 每个中心节点可以聚合两阶邻居节点的特征，同时考虑多阶邻居节点对中心节点的影响，对于全局信息的把握更加精准。但由于 GCN 的卷积核在同一层参数共享，每次更新都需要调用原配电网结构的连接信息，弱化了节点的局部特性，所以在网络重构较为严重的情况下其适应能力还有待提高。

4.2.4　算例分析

为了验证 GCN 算法在构建融合配电网拓扑结构信息的故障定位模型方面具有快速性、准确性和鲁棒性的优点，在电磁暂态仿真软件（power systems computer aided design，PSCAD）中搭建了如图 4-7 所示 10 kV 辐射状配电网进行仿真验证，根据 2.1 节的结论，由于中性点经消弧线圈接地的配电网发生单相接地故障时的故障特征最不明显，所以本书算例采用中性点经消弧线圈接地的运行方式，消弧线圈为 8%过补偿状态。

该配电网系统共有 3 条馈线、23 个节点和 20 条支路，其中 L7、L10、L11、L15～L20 为电缆线路，其余为架空线路。在接负载和末端节点 2、3、6、8、11、14、16、17、20 靠近母线侧的线路末端和馈线出口 21、22、23 节点处安装 μPMU 作为数据采集装置。分别设置每条支路在 0.6 s 时发生单相接地故障，故障发生 0.2 s 后保护可靠动作切除故障。

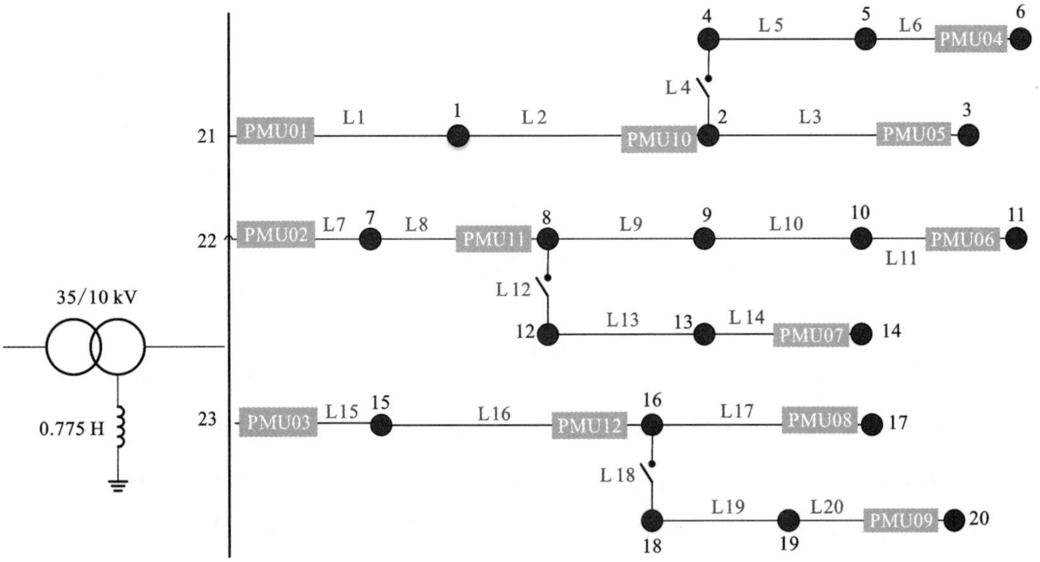

图 4-7　10 kV 配电网结构

在故障发生前 0.1 s 开始数据采样直到切除故障，每条支路取 200 个采样数据点，20 条支路总共有 4000 组数据构成数据样本集，然后按照 8∶1∶1 的比例划分训练集、验证集和测试集，其中训练集有 3200 个样本，验证集和测试集各有 400 个样本，最后的故障位置定位到 μPMU 之间的区段。通过多次实验调整设置学习率为 0.006、批量样本数为 8、迭代次数为 80 次。

利用 GCN 建立包含配电网拓扑信息的故障定位模型，对图 4-7 所示的配电网发生单相接地故障的情况进行故障定位，在故障初相角为 0°、故障接地电阻为 0.01 Ω、故障位置在故障支路 50%处时得到的故障定位结果如图 4-8 所示。从图中可以看出，迭代 20 次之后，模型便可达到 90%的故障定位准确度，迭代 80 次之后，故障定位准确度可以达到 98%，损失率下降到 0.12 左右，说明基于 GCN 的配电网小电流接地故障定位模型具有快速准确的优点。

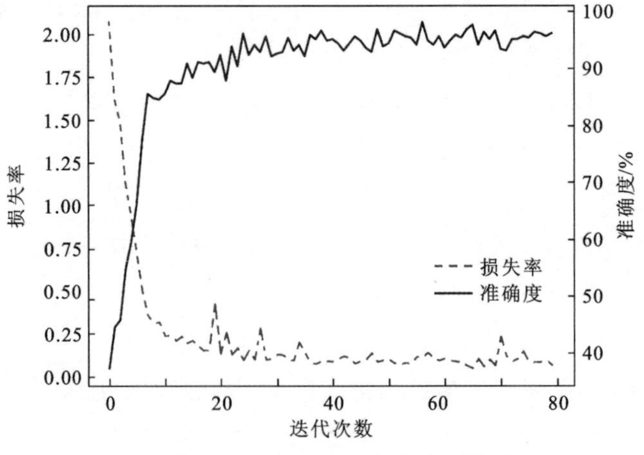

图 4-8　基于 GCN 的配电网故障定位模型结果

为验证模型在不同故障电阻、不同故障初相角和不同故障位置下的效果，设置以下情况：

（1）在故障初相角为 0°、故障位置在线路 50%处时，分别设置故障接地电阻为 0.01 Ω、100 Ω 和 200 Ω；

（2）在故障接地电阻为 0.01 Ω、故障位置在线路 50%处时，分别设置故障初相角为 0°、90°和 180°；

（3）在故障接地电阻为 0.01 Ω、故障初相角为 0°时，分别设置故障位置在线路的 50%、10%和 80%位置处。

其他参数不发生变化，在上述情况下对模型进行评估，得到的故障定位结果如表 4-1 所示。

表 4-1　基于 GCN 的故障定位模型评估

故障初相角/（°）	故障位置/%	故障接地电阻/Ω	定位准确度/%
0	50	0.01	98.00
0	50	100	97.25
0	50	200	96.00
90	50	0.01	97.75
180	50	0.01	98.00
0	10	0.01	97.50
0	80	0.01	97.75

从表 4-1 可以看出，基于 GCN 的配电网故障定位模型不受故障初相角和故障位置的影响，在故障接地电阻增大的情况下效果略有下降，但仍能保持 95%以上的定位准确度。

为验证模型在数据扰动情况下的鲁棒性，从数据噪声和数据缺失两方面来进行分析。一方面，在故障接地电阻为 0.01 Ω、故障初相角为 0°，故障位置在线路 50%处时给节点特征数据分别添加 60 dB、45 dB、30 dB 的高斯噪声来验证模型对测量噪声的稳定性。另一方面，在同样的故障条件下，分别设置下述三个数据缺失情景（验证结果如表 4-2 所示）：情景 1，缺失一个 μPMU 的测量数据，选择图 4-7 中第一条馈线末端节点 6 前线路上安装的 μPMU 数据丢失，即 PMU04 所上传的数据设为 0；情景 2，随机缺失全部 μPMU 测量数据的 1%，即随机选取全部数据的 1%设为 0；情景 3，随机缺失全部 μPMU 测量数据的 2%，即随机选取全部数据的 2%设为 0。

表 4-2 数据扰动对模型效果的影响

数据扰动情景	定位准确度/%
无	98.00
30 dB 高斯噪声	97.75
45 dB 高斯噪声	97.50
60 dB 高斯噪声	97.50
数据缺失情景 1	81.75
数据缺失情景 2	82.75
数据缺失情景 3	82.00

从表 4-2 可以看出，给节点特征数据添加高斯噪声之后，对模型效果基本没有影响，模型具有很强的抗噪能力。在数据缺失情景下，模型的定位准确度有所下降，但仍能保持在 80%以上，说明模型对数据上传的完整度有一定要求，本书所用的 μPMU 可以为模型提供高质量数据，保持模型在正常测量噪声和数据小范围缺失情况下的鲁棒性。

4.3 基于图注意力网络的配电网故障区段定位方法

由于基于 GCN 的故障定位算法在网络重构时的泛化性能有待提升，所以本节利用注意力机制的自适应能力，建立对配电网重构适应能力更好的故障定位模型。首先推导图注意力网络（graph attention network，GAT）聚合节点特征的过程，阐明图注意力网络比 GCN 泛化能力更强的原因。然后利用 GAT 建立适用于配电网重构的故障定位模型，并引入敏感支路和调节系数的概念，对注意力机制进行改进。最后从算例的角度对所建立的模型性能、配电网重构下的适应能力和改进之后的模型效果进行仿真分析。

4.3.1 考虑注意力机制的图注意力网络

注意力机制来源于计算机视觉领域，受到人类认知神经对事物的处理方式的启发，当人类处理信息时，会选择性地关注局部更加重要的部分，忽略不重要的部分，减少信息处理的工作，从而提高处理信息的效率。将这种处理机制应用到计算机上，便需要从大量的信息中筛选出局部有用的信息，对将要处理的信息进行权重分配，想重点关注的部分加以高权重，无用的部分加以低权重。

图 4-9 以一个简单的例子展示了注意力机制的处理过程，对于给定的信息和需要做的任务，通过注意力机制从信息源中提取出需要得到的信息。一般给定的信息源中会有很多不同的信息，根据相关度将不同的信息赋予不同的权重，最终得到想要的结果。如图 4-9 中给定一些小方块的信息，需要观察中心方块的信息，根据与中心方块距离的差异将不同的方块设定不同的权重，便可以得到中心的位置。

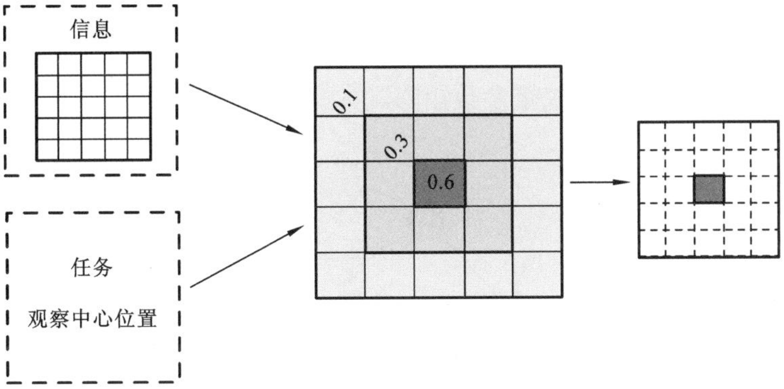

图 4-9 注意力机制的处理过程

注意力机制的数学表达形式可以表示为

$$\text{Attention}(Q,S)=\sum\langle Q,S_i\rangle\cdot S_i \tag{4-18}$$

式中，S 为需要处理的信息源；Q 为已知信息；S_i 为信息源中的第 i 个信息。通过对 S 中的各种信息和 Q 求内积运算得到它们之间的相关度。所以注意力机制的思路是，根据相关度对信息源中所有信息加权求和，从而得到想要的结果。

对于图 4-9 的信号来说，Q 就是当前中心节点的特征向量，S 是当前中心节点所有邻居节点的特征向量，注意力机制的过程就是通过中心节点与邻居节点之间的相关度计算，对所有的邻居节点特征进行加权求和，提取更加重要的信息，从而得到当前中心节点新的特征向量。

在图神经网络中应用注意力机制，通过空间节点之间的连接，聚合邻居节点的信息，便有了图注意力网络。GAT 的重点在于其中的图注意力层（graph attention layer，GAL），这是注意力机制和图神经网络相结合的重点。

GAL 的输入是每个节点的特征向量，这些特征向量经过 GAL 之后可得到新的输出特征向量，GAL 的输入特征向量和输出特征向量可以表示为

$$\begin{cases} h=\{h_1,h_2,\cdots,h_n\}, & h_n\in R^F \\ h'=\{h'_1,h'_2,\cdots,h'_n\}, & h'_n\in R^{F'} \end{cases} \tag{4-19}$$

式中，h 和 h' 分别为 GAL 的输入特征向量和输出特征向量，其维度不同；n 为节点数；F 和 F' 为输入和输出的节点特征数。

如图 4-10 所示，假设中间节点为 v_i，每个节点可能会有很多个邻居节点 v_j，为了简化计算这里只考虑一阶邻居节点，图中中心节点 v_i 有 3 个一阶邻居节点。通过计算可以得到节点之间的相关度 e_{ij}，为了更好地分配权重，对所有相邻节点计算出的相关度进行 softmax 归一化处理，得到的注意力系数 a_{ij} 如式（4-20）所示：

$$a_{ij} = \text{softmax}(e_{ij}) = \frac{\exp(L(\alpha[Wh_i, Wh_j]))}{\sum_{v_k \in N(v_i)} \exp(L(\alpha[Wh_i, Wh_k]))} \tag{4-20}$$

式中，L 为激活函数 LeakyReLU；α 为计算两个节点相关度的函数；W 为节点从输入特征维度变换到输出特征维度的权重参数矩阵。

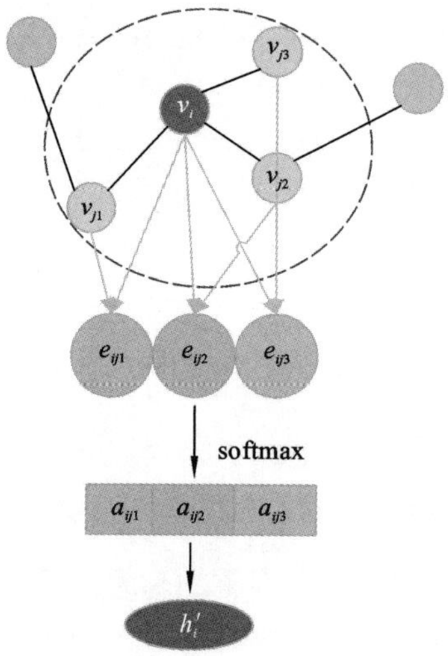

图 4-10 图注意力层

得到注意力系数之后，按照注意力机制加权求和的思路，便可以得到中心节点 v_i 的输出特征向量 h'_i：

$$h'_i = \sigma\left(\sum_{v_j \in N(v_i)} a_{ij} W h_j\right) \tag{4-21}$$

式中，σ 为激活函数，通常使用 ReLU 函数。

由此，GAL 便成功地应用注意力机制完成了聚合节点特征的任务。但是单一化的聚合特征操作通常不够全面，为了提高 GAL 的表达能力，增强模型的稳定性，一般采用多头注意力机制，对 Z 组独立计算的注意力系数进行整合，从而获得更加全面的信息。在实际应用中，一般采用拼接操作或者取平均操作来对多个注意力头进行整合，数学表达形式如下：

$$\begin{cases} \text{拼接：} h'_i = \|_{z=1}^{Z} \sigma\left(\sum_{v_j \in N(v_i)} a_{ij}^z W^z h_j\right) \\ \text{平均：} h'_i = \sigma\left(\frac{1}{Z} \sum_{v_j \in N(v_i)} a_{ij}^z W^z h_j\right) \end{cases} \tag{4-22}$$

式中，Z 为注意力头的数量；$\|$为拼接操作；a_{ij}^{z} 和 W^{z} 分别为第 z 组注意力机制的权重系数和学习参数。

一般情况下，在 GAT 的中间层采用拼接操作可以提升注意力层的表达能力，为了避免继续使用拼接操作导致特征维度扩大，GAT 的最后一层往往采用取平均操作方式。图 4-11 展示了 $Z=2$ 的多头注意力机制的工作过程，通过两组相互独立的多头注意力机制的整合，使节点之间的注意力权重分配更加明确，提高了模型的学习能力，同时降低了过拟合的风险。

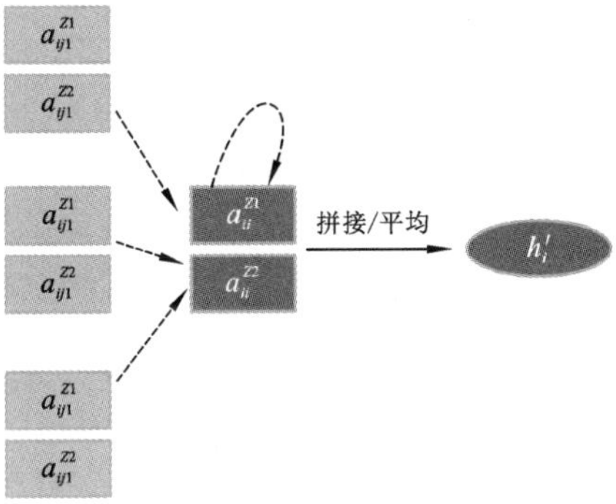

图 4-11　多头注意力机制

相比于 GCN 的图卷积层，GAL 既可以聚合邻居节点的特征，完成提取特征的任务，又多了一个自适应的权重矩阵，可以自适应地调节节点之间的权重系数。在 GCN 中，这个权重矩阵可以看作图的拉普拉斯矩阵，拓扑图确定了，这个矩阵就不能变化了，但在 GAT 中，通过注意力的调节机制可以自适应地改变这个权重矩阵，使其更好地完成聚合操作。由此 GAT 通过注意力机制解决了 GCN 对同阶邻居节点只能分配相同权重的问题，改变了 GCN 每次更新整个配电网拓扑图操作的方式，更加注重邻居节点的电气特征，所以泛化能力更强。

4.3.2　适用于配电网重构的图注意力网络故障定位模型

GAT 从空间上考虑目标节点和其他节点的几何关系，可以自适应地对邻居节点做聚合并为其分配不同的权重系数，从而将配电网节点特征的相关性更好地融入故障定位模型中。作为图神经网络算法的变体，GAT 和 GCN 一样，可以结合配电网拓扑结构和节点特征完成故障定位任务，同样具有快速准确、抗噪能力强的优点。

相比于 GCN，GAT 是从一个节点的角度去聚合特征的，一般情况下只关注一阶邻居节点，具有局部性。图 4-12 展示了 GCN 和 GAT 在聚合节点特征上的不同之处，可以看出 GAT 更加关注图上的节点，相比于从图域角度出发的 GCN，GAT 更加符合归纳式学习任务的要求。在配电网拓扑结构变化时，可以自适应调整节点之间的注意力系数，增强模型在不同结构配电网上的泛化能力。所以相比于 GCN，GAT 能更有效地应用于拓扑变化频繁的综合故障情景，更加符合实际配电网的需求。

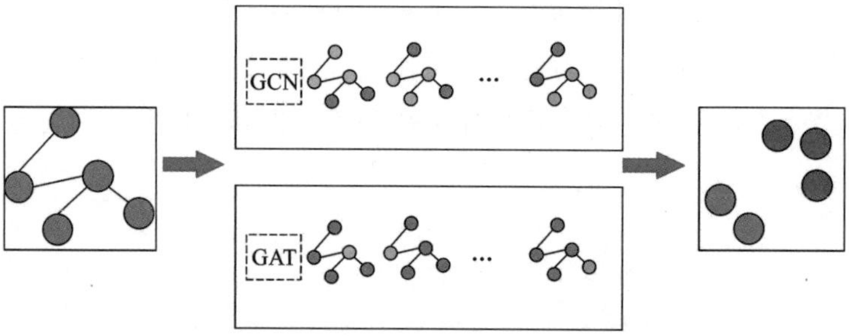

图 4-12　GCN 与 GAT 对比图

利用 GAT 建立适用于配电网重构的故障定位模型，输入仍然包含两大部分：①表示网络拓扑结构的配电网邻接矩阵 A，$A \in n \times n$（n 为配电网 μPMU 的量测点数）；②表示网络状态的配电网节点电压电流幅值 X，$X = \{U_1, U_2, U_3, I_1, I_2, I_3, U_0, I_0\}, X \in R^{n\times 8}$。但不同的是，基于 GAT 的故障定位模型是节点分类任务，所以每个节点都有表示故障状态的标签，用二进制来编码，0 表示正常状态，1 表示故障状态，以故障线路上游节点为故障节点，模型的输出为节点的状态判别结果。

基于 GAT 的配电网故障定位模型示意图如图 4-13 所示，配电网拓扑结构对应输入中的图邻接矩阵，每个节点都有相应的电压电流值作为节点特征。本书采用的 GAT 模型包含 3 个图注意力层（GAL）和 1 个全连接层，并采用多头注意力机制，前两个 GAL 注意力头数为 4，最后一层用来分类，头数为 6。3 个图注意力层通过节点之间的聚合操作得到新的节点特征，图 4-13 表示了头数为 4 的多头注意力操作方式，再经过全连接层从而达到对节点进行分类的效果，最后输出得到每个节点是否为故障状态。

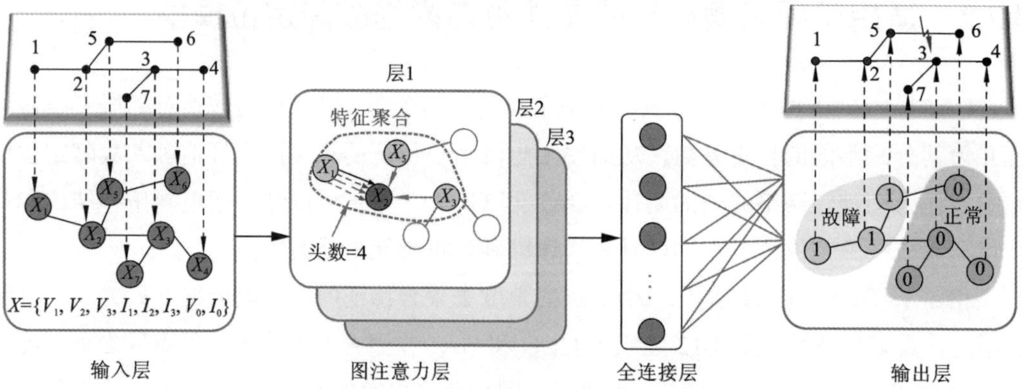

图 4-13　基于 GAT 的配电网故障定位模型示意图

当配电网的节点或支路发生变化时，新的网络邻接矩阵和节点特征会发生改变，图注意力层通过式（4-18）描述的注意力机制，可以自适应地调整节点之间的注意力系数。由于 GAT 逐顶点的运算方式，式（4-21）中的核心参数 W 和映射函数α只与节点特征相关，从而保证模型可以适用于改变拓扑结构的情况。

对于 GAT 来说，故障定位任务是基于节点构建的，而 GCN 是基于图域构建的，所以 GAT 的数据不平衡问题更明显。故障数据与非故障数据的不平衡会导致模型学习到过多的非故障样本数据，而模型的准确度更加关注故障数据的判别结果，这样会使得模型最后的效果不能代表其实际应用性能。由于基于 GAT 的配电网故障定位模型是二分类问题，为此模型采用带权重的二分类交叉熵损失函数，如式（4-23）所示：

$$\begin{gathered}\text{loss}=-\frac{1}{b}\sum_{k=1}^{b}[\gamma y_k\log p_k+(1-\gamma)(1-y_k)\log(1-p_k)]\\p_k=\frac{1}{1+\mathrm{e}^{-y}}\end{gathered}\tag{4-23}$$

式中，b 为每次训练所用的样本数；y_k 为正样本的标签；p_k 为模型判别样本正负的函数，输出范围为[0, 1]；γ 为正样本的权重系数，可以根据样本集中正负样本的比值来调整γ的值，增强样本的平衡度。

由于本节建立的模型和 3.2 节建立的模型输入数据类似，所以仍然采用式（4-16）所示的最大最小标准化方法对输入数据进行处理，提升数据的可用水平。除此之外，由于是二分类问题，且存在样本的不平衡，所以采用 F_1 分数函数对基于 GAT 的配电网故障定位模型进行评估，其计算公式为

$$\begin{cases}F_1=2\times\dfrac{p\times r}{p+r}\\p=\dfrac{T_1}{T_1+T_2}\\r=\dfrac{T_1}{T_1+T_3}\end{cases}\tag{4-24}$$

式中，T_1 表示正确判别配电网的正常节点的情况；T_2 表示错误判别配电网的故障节点的情况；T_3 表示错误判别配电网的正常节点的情况。同样地，F_1 分数作为精确率（p）和召回率（r）的调和平均数兼顾了这两个指标，可以认为 F_1 的值越大，故障判别准确度越高，模型性能越好。

对于 GAT 来说，故障定位任务是基于节点构建的，对于局部信息的把握更加精准，应用自适应的注意力调节机制可以根据节点特征的变化改变注意力系数矩阵，对于网络重构时配电网的拓扑变化适应能力更强，且可以用于改变节点数的配电网重构情景，所以相比于 GCN 有更强的泛化能力。

4.3.3 改进的注意力调节机制

为了进一步提升基于 GAT 的故障仿真模型在配电网重构下的适应能力，对注意力机制进行调节和改进。注意力机制可以在配电网拓扑变化时自适应地调整节点之间的权重系数，再应用加权求和的思路聚合节点特征。但对于配电网故障来说，在配电网不同位置的线路发生同样的故障，节点特征会有很大的差异，所以可以根据特定的配电网拓扑，有针对性地改变注意力集中的位置，使其更加关注较为敏感的几条支路的变化情况。

损失函数是用来计算预测值与实际值之间差异的，通过改变模型的损失函数在配电网不同支路处的权重，便可以提高拓扑改变时更敏感的支路的受关注度，从而使注意力更集中在敏感支路，提升模型的效果。给不同支路的损失函数赋以不同的权重，再将其加权求和，得到损失率计算公式如下：

$$\text{loss}_{\text{all}} = \sum_{q=1}^{m} \text{loss}_q = \beta \sum \text{loss}_g + (1-\beta) \sum \text{loss}_{m-g} \tag{4-25}$$

式中，loss_{all} 为所有支路的损失率之和；假设总共有 m 条支路，loss_q 为第 q 条支路的损失率，采用式（4-23）带权重的二分类交叉熵损失函数；loss_g 和 loss_{m-g} 分别为敏感支路和不敏感支路的损失率；β为敏感支路的权重系数。

改变了不同支路损失函数的权重，那么拓扑改变之后 GAT 自调节的节点间注意力系数便按照这个权重来聚合，输出的节点特征变为

$$h_i' = \sigma\left(\beta \sum_{v_{j\_g} \in V(v_{i\_g})} a_{ij\_g} W h_{j\_g} + (1-\beta) \sum_{v_{j\_m-g} \in V(v_{i\_m-g})} a_{ij\_m-g} W h_{j\_m-g}\right) \tag{4-26}$$

式中，h_i' 为新的节点的输出特征；$V(v_{i_g})$为与敏感支路相连的节点，即敏感节点的集合；$V(v_{i_m-g})$为不与敏感支路相连的节点的集合；h_{j_g} 和 h_{j_m-g} 分别为敏感节点和不敏感节点的输入节点特征；i 和 j 都指某一节点数。

图 4-14 为改进的注意力调节机制应用全过程示意图，针对网络重构时发生变化的配电网拓扑，给敏感支路一个调节系数，在一定程度上可以增强模型的泛化能力，提高在不同拓扑中的实际应用性。由此可见，找到配电网的敏感支路和适合的调节系数是对基于 GAT 的配电网故障定位模型进行改进的重点。

4.3.4 算例分析

验证利用 GAT 建立的模型在配电网故障定位任务中的效果，从定位准确度和抗扰动能力两方面对模型进行测试分析。采用 4.2 节所示的算例，在同样的故障背景下与基于 GCN 算法建立的模型进行对比。每条支路仍然取 200 个采样数据点，按照 8∶1∶1 的比例划分数据集，得到 3200 个样本构成训练集，400 个样本构成验证集，400 个样本构成测试集。通过多次实验调整设置学习率为 0.001、batchsize 为 2、迭代次数为 80 次。

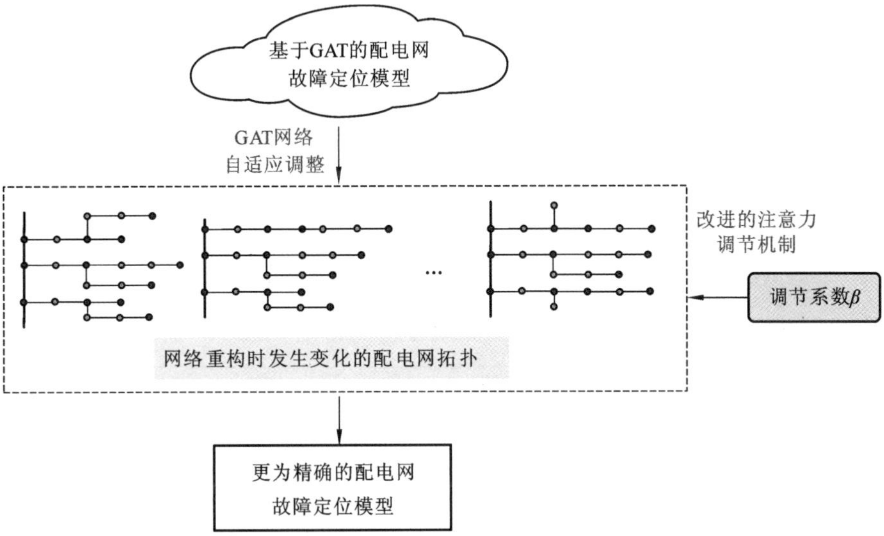

图 4-14　改进的注意力调节机制应用全过程示意图

利用 GAT 建立配电网小电流接地故障定位模型，在故障初相角为 0°、故障接地电阻为 0.01 Ω、故障位置在故障支路 50%处时得到的故障定位结果如图 4-15 所示。从图 4-15 可以看出，基于 GAT 的配电网故障定位模型具有快速性、准确性，模型迭代 10 次左右便可以达到 90%以上的准确度，同时损失率也在快速下降，迭代 80 次之后，模型准确度达到了 98.5%，损失率下降到 0.01。

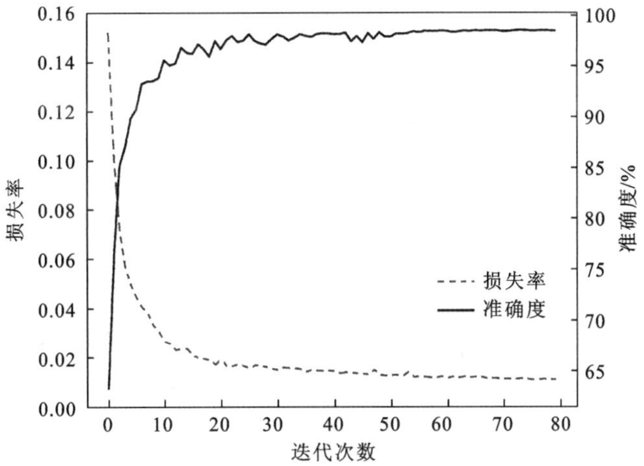

图 4-15　基于 GAT 的配电网故障定位模型结果

图 4-16 是 GCN 和 GAT 建立的故障仿真模型结果对比图，经过两种模型所得定位准确度的对比，可以看出基于 GAT 建立的模型在快速性和准确性方面相比于 GCN 建立的模型效果更好。

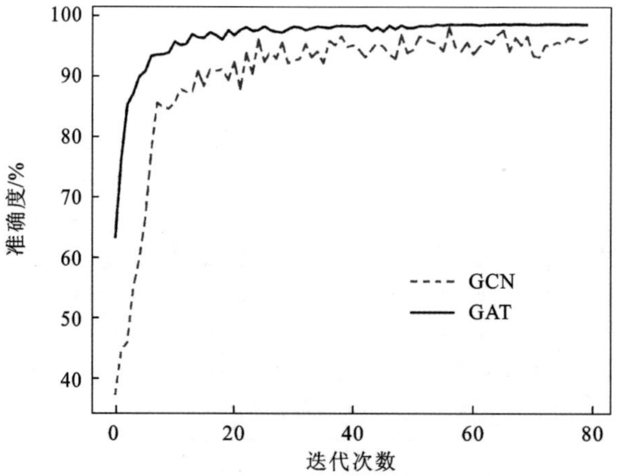

图 4-16 基于 GCN 和 GAT 的配电网故障定位模型对比图

设置与 4.2 节同样的场景，验证本章建立的模型在不同故障接地电阻、不同故障初相角和不同故障位置下的效果，所得到的结果如表 4-3 所示。从表 4-3 可以看出，基于 GAT 的配电网故障定位模型在这几种情景下都能保持 96%以上的准确度，基本不受故障接地电阻、故障初相角和故障位置的影响。

表 4-3 基于 GAT 的故障定位模型评估

故障初相角/（°）	故障位置/%	故障接地电阻/Ω	定位准确度/%
0	50	0.01	98.50
0	50	100	98.20
0	50	200	96.08
90	50	0.01	97.80
180	50	0.01	98.35
0	10	0.01	98.50
0	80	0.01	97.95

同样地，在相同的数据噪声和数据缺失情景下，验证模型在数据扰动情况下的鲁棒性，得到的结果如表 4-4 所示。

表 4-4 数据扰动对模型效果的影响

数据扰动情景	定位准确度/%
无	98.50
30 dB 高斯噪声	97.74
45 dB 高斯噪声	98.41

续表

数据扰动情景	定位准确度/%
60 dB 高斯噪声	98.43
数据缺失情景 1	96.93
数据缺失情景 2	86.31
数据缺失情景 3	86.14

从表 4-4 的结果可以看出，基于 GAT 的故障定位模型仍然具有较强的抗噪声能力，在数据噪声的情况下具有较好的效果。在缺失一个 μPMU 量测数据的情况下，模型准确度仍能达到 96.93%，缺失全部量测装置的部分数据时，模型准确度下降到 90%以下，但从整体上来说，模型具有一定的抗数据缺失的能力，在数据扰动的情况下具有鲁棒性。

为了测试模型在拓扑变化的情况下的适应能力，从网络拓扑变化程度、训练集数据结构和训练集大小三个方面对模型进行验证分析。

采用网络重构情景，并增加改变配电网节点数的情景 4：去掉图 4-7 中的末端节点 20，断开 L20 支路。直接用没有改变拓扑情况下训练好的模型，在这 4 种情景下进行测试，得到的结果与 GCN 的对比情况如图 4-17 所示。

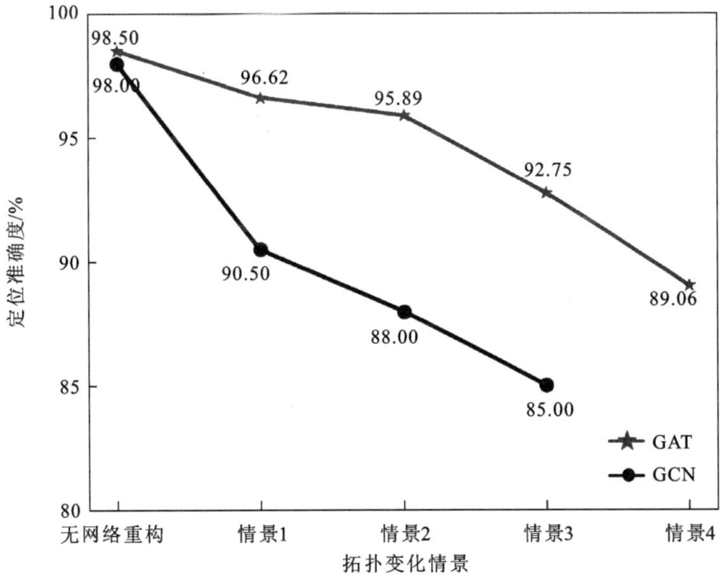

图 4-17　GCN 和 GAT 模型在不同拓扑变化程度下的效果对比图

验证结果表明，在 4 种网络重构情景下，GAT 模型的准确度都在 89%以上，对配电网拓扑的变化有较好的适应能力。而 GCN 在改变多条支路连接的情况下准确度下降幅度较大，且由于模型本身的限制，不能将训练好的模型直接应用于节点数量改变的情景。

针对以上情景 3 中改变 3 条支路连接的网络重构情景，图 4-18 展示了 GCN 和 GAT 两种算法对配电网拓扑改变后模型适应性的处理过程。

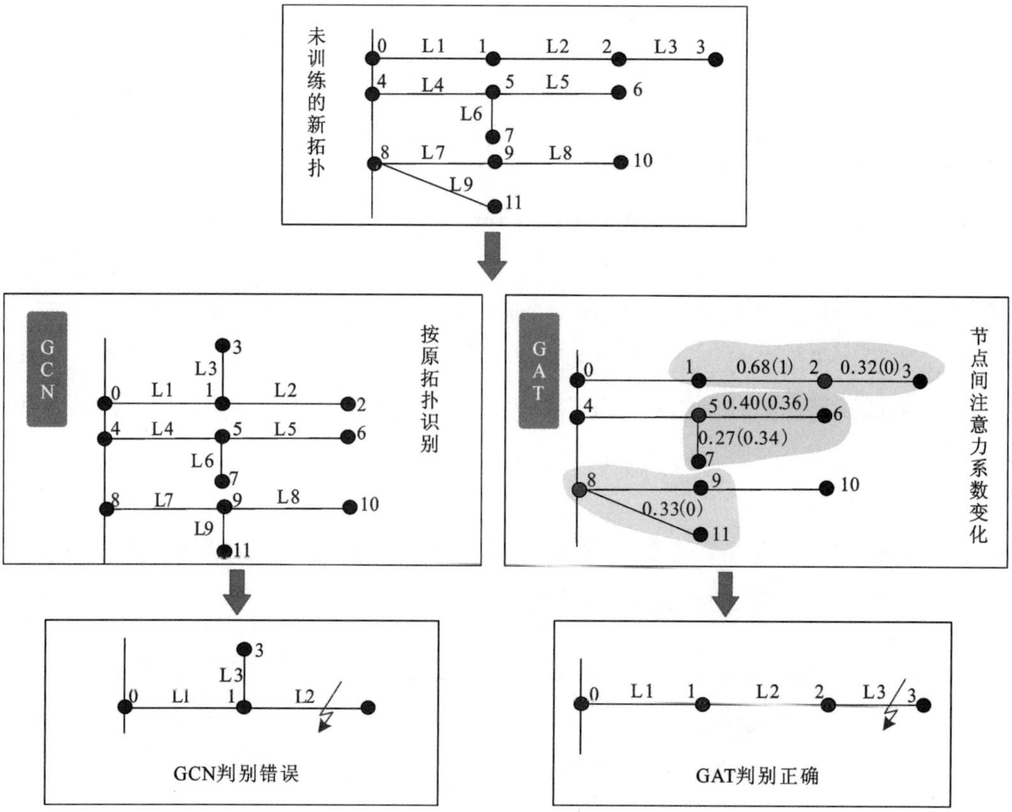

图 4-18　GCN 和 GAT 对拓扑改变的处理过程

对于未经过训练的配电网新拓扑结构，GCN 仍旧按照原网络拓扑进行识别，不能对改变过的连接情况作出相应的适应性变化，导致其定位效果出现偏差。而 GAT 可以根据配电网新的拓扑连接情况自适应地调整节点之间的注意力系数，图 4-18 在改变支路连接的 3 处地方标注了节点间相关度的变化情况，所以仍然有较好的故障定位效果。

接下来从不同的训练集数据结构方面进一步对基于 GAT 建立的模型进行验证，对于网络拓扑变化的情况，用不同结构的数据训练会对模型的性能产生影响。为此设计 10 种情景分别构成不同的数据集来训练模型，每种数据情景构成中不同拓扑变化方式所占数据比例如表 4-5 所示，其中前 5 种为支路连接的变化，后 5 种为增减节点的变化。每种情景都有 3200 组数据样本构成训练集，分别采用以上 10 种训练好的模型直接在情景 10 中进行测试，利用 GAT 算法验证模型在综合故障情景下的实际应用效果，结果如图 4-19 所示。

表 4-5　不同数据情景所占结构比例（%）

<table>
<tr><th>数据结构情景</th><th>1</th><th>2</th><th>3</th><th>4</th><th>5</th><th>6</th><th>7</th><th>8</th><th>9</th><th>10</th></tr>
<tr><td>原拓扑没有变化</td><td>50</td><td>33.3</td><td>25</td><td>50</td><td>50</td><td>20</td><td>33.3</td><td>33.3</td><td>16.7</td><td>25</td></tr>
<tr><td>断开 L4，连接节点 3 和 4</td><td>50</td><td>33.3</td><td>25</td><td rowspan="2">同时变化50</td><td rowspan="3">同时变化50</td><td>20</td><td rowspan="3">同时变化33.3</td><td>—</td><td>16.7</td><td rowspan="3">同时变化25</td></tr>
<tr><td>断开 L12，连接节点 9 和 12</td><td>—</td><td>33.3</td><td>25</td><td>20</td><td>—</td><td>16.7</td></tr>
<tr><td>断开 L18，连接节点 15 和 18</td><td>—</td><td>—</td><td>25</td><td>—</td><td>20</td><td>—</td><td>16.7</td></tr>
<tr><td>去掉节点 20 和 L20</td><td>—</td><td>—</td><td>—</td><td>—</td><td>—</td><td>20</td><td>33.3</td><td>33.3</td><td>16.7</td><td>25</td></tr>
<tr><td>去掉节点 11 和 L11</td><td>—</td><td>—</td><td>—</td><td>—</td><td>—</td><td>—</td><td>—</td><td>33.3</td><td>16.7</td><td>25</td></tr>
</table>

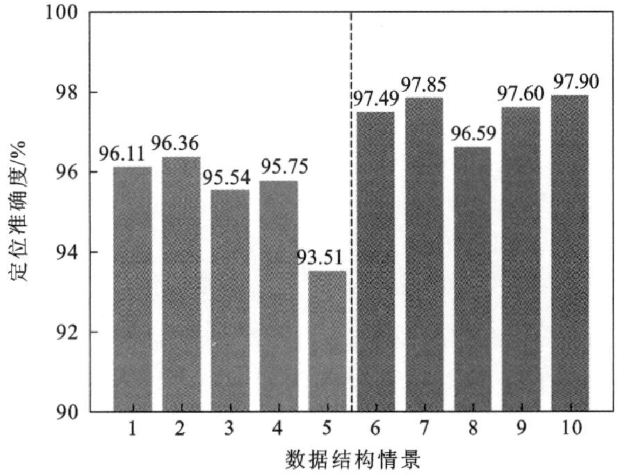

图 4-19　GAT 模型在不同数据结构下的效果对比图

根据图 4-19 中不同数据结构情景下训练的模型效果对比可以得到以下结论。①在以上 10 种数据结构情景下训练的模型，在综合故障情景下测试准确度都可以达到 90%以上，基于 GAT 的配电网故障定位模型在拓扑变化的实际综合故障情景下具有较好的应用效果。②用加了增减节点的网络重构情景的数据集，相比于只有支路连接变化的网络重构情景的数据集来训练模型，整体上有更好的效果。③用包含全部故障情况的情景 10 训练的模型具有最好的性能，定位准确度可以达到 97.90%，所以在实际情况中要尽可能收集各种故障情况下的数据用来训练以达到最好的效果。

最后，继续验证模型在不同训练集数据量下的效果。为了测试数据量大小对模型性能的影响，采用没有改变拓扑下的配电网故障数据作为训练集，3.3 节的网络重构情景 1 下改变 1 条支路的数据作为测试集，总数据量大小分别取 1000、2000、3000、4000，同样按照 8∶1∶1 的比例划分数据集，基于 GAT 的模型验证结果如图 4-20 所示。

从验证结果可以看出，在迭代 80 次之后，数据量在 1000～4000 的模型准确度都能达到 98%以上，但到达同一准确度所需要的迭代次数有所差异，随着数据量的增加，收敛速度逐渐加快。

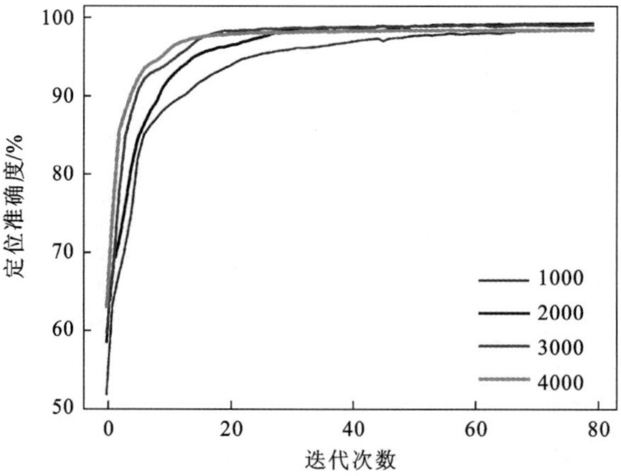

图 4-20 GAT 模型在不同数据量下的效果对比图

4.4 本章小结

本章以小电流接地配电网为研究对象，针对故障定位模型难以兼顾灵敏性和多拓扑场景适应性的问题，在配电网新型量测装置 μPMU 接入的基础之上，利用 GNN 方法建立了快速、准确、抗干扰性强并且适应于配电网重构的故障定位模型，完成的主要工作以及得出的结论如下。

（1）提出了一种基于图卷积网络的配电网故障区段定位方法。将卷积公式拓展到图域中，实现在配电网拓扑图上对节点故障特征的有效提取，在融合拓扑结构信息的基础上实现配电网的故障定位；通过 GCN 图域卷积和 CNN 普通卷积的对比，说明融合配电网拓扑信息可以增强模型提取特征的能力；通过在 PSCAD 中建立配电网仿真算例，验证了基于 GCN 的故障定位模型能达到快速准确的定位故障区段的效果，且具有一定的鲁棒性；通过 GCN 与 CNN 模型的对比分析，验证了融合拓扑信息的 GCN 算法相比于只用数据信息的 CNN 算法有更好的效果。

（2）提出了一种基于图注意力网络的配电网故障区段定位方法。将注意力机制的自适应能力应用到配电网故障节点分类任务中，提高了模型在配电网重构下的适应能力。并通过对 GCN 和 GAT 提取特征过程的对比，说明引入注意力机制的 GAT 算法更能适应配电网拓扑结构的变化。通过在 PSCAD 中建立配电网仿真算例，验证了基于 GAT 的故障定位模型具有快速性、准确性和鲁棒性的效果。通过与 GCN 所建立模型的对比，验证了 GAT 模型相比于 GCN 模型对配电网重构时拓扑结构的改变具有更好的适应性，在实际综合故障情景下具有更好的应用价值。

第 5 章　基于人工智能的新型配电网故障精准测距方法

5.1　引　　言

社会发展和人民日益增长的物质需求对配电网故障定位的快速性和精确性都提出了新的要求。配电网的精确定位，对于故障点的快速确定和故障的快速恢复都有极为重要的现实意义。传统的包括主动法和被动法的配电网故障定位方法，都难以深度挖掘所采集到的配电网故障特征，导致定位精度难以提升。本章以深度学习理论为基础，将深度学习等大数据处理、特征提取压缩的方法与传统的配电网故障定位方法（阻抗法和注入法）结合，深度挖掘其中的故障信息，提高配电网的故障定位精度。

5.2　基于 BP 神经网络和三相注入的配电网故障测距方法

配电网的单相接地一直是国内外学者的研究重点。本节根据配电网的结构特点，提出基于信号注入法和神经网络的故障定位。在离线状态下，通过向母线首端注入三相相同的高压脉冲信号，分析反射脉冲信号的产生和传播，得出注入端检测的首个线模脉冲信号即为故障点的反射脉冲信号。检测反射脉冲的到达时间，利用自编码器（auto encoder，AE）提取首波反射脉冲信号的特征，将反射脉冲的特征与到达时间组成故障特征，利用 BP（back propagation，反向传播）神经网络学习故障特征与故障距离之间的非线性关系，完成故障测距的任务。若存在疑似故障点，根据线路末端检测零模线模信号的到达时间确定故障分支。

5.2.1　基于单端注入法的故障特征分析

在母线首端注入三相相同的高压脉冲信号，分析母线首端检测到的故障点反射信号的故障特征，说明传统 C 型行波测距法的不足。

1. 故障点行波特性分析

电网采用三相线路，线路与线路之间存在电磁耦合。因此需要把相互之间存在耦合关系的相方程，利用相模变换公式转换为不存在耦合关系的序方程，即线模与零模。本书采用的相模变换公式为卡伦鲍尔（Karrenbauer）相模变换公式，将序分量接耦成 0 模、1 模、2 模分量。相模变换公式和反变换公式如式（5-1）和式（5-2）所示：

$$\frac{1}{3}\times\begin{bmatrix}1 & 1 & 1\\1 & -1 & 0\\1 & 0 & -1\end{bmatrix}\begin{bmatrix}x_a\\x_b\\x_c\end{bmatrix}=\begin{bmatrix}x_0\\x_1\\x_2\end{bmatrix} \tag{5-1}$$

$$\begin{bmatrix}1 & 1 & 1\\1 & -2 & 1\\1 & 1 & -2\end{bmatrix}\begin{bmatrix}x_0\\x_1\\x_2\end{bmatrix}=\begin{bmatrix}x_a\\x_b\\x_c\end{bmatrix} \tag{5-2}$$

变换得到的 1 模、2 模和 0 模分量的具体分布如图 5-1 所示。0 模称为零模分量，是三相线路在大地之间流动。1 模和 2 模都称为线模分量，1 模在 A 相和 B 相线路之间流动，2 模在 A 相和 C 相线路之间流动。

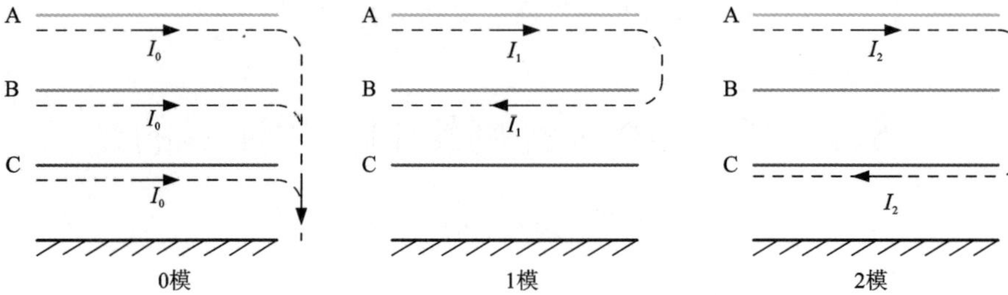

图 5-1 零模和线模分量分布图

基于主动式的故障定位方法，配电网中发生永久性的单相接地故障时，需要停电检修，确定具体的故障距离。从线路的母线端注入相同的电压脉冲信号 u，即 $u_a=u_b=u_c=u$。利用相模变换公式（5-1）可得到零模分量 $u_0=u$，1 模分量和 2 模分量 $u_1=u_2=0$。因此，可以分析得出，线路没有发生故障或者没有对称故障时，只有零模分量，没有线模分量，首端的量测装置无法检测到线模分量；当线路中发生单相接地故障或者其他不对称故障时，三相线路在故障点处不再平衡，每条线路之间产生耦合，Karrenbauer 相模变换公式不能将故障点解耦，在故障点处会发生不同模量之间的交叉渗透，会出现线模行波反射回母线端，母线端检测到的首个线模脉冲必然是从故障点传回的。

将 A 相、B 相和 C 相线路的特征阻抗设为

$$\begin{bmatrix} z_s & z_m & z_m \\ z_m & z_s & z_m \\ z_m & z_m & z_s \end{bmatrix} = z \tag{5-3}$$

式中，z_m 为互阻抗；z_s 为自阻抗。根据相模变换公式得到零模和线模阻抗，如式（5-4）所示：

$$\begin{bmatrix} 1 & 1 & 1 \\ 1 & -1 & 0 \\ 1 & 0 & -1 \end{bmatrix} \begin{bmatrix} z_s & z_m & z_m \\ z_m & z_s & z_m \\ z_m & z_m & z_s \end{bmatrix} \begin{bmatrix} 1 & 1 & 1 \\ 1 & -2 & 1 \\ 1 & 1 & -2 \end{bmatrix} = \begin{bmatrix} z_0 & 0 & 0 \\ 0 & z_1 & 0 \\ 0 & 0 & z_2 \end{bmatrix} \tag{5-4}$$

解式（5-4）可得

$$z_s = \frac{z_0 + z_1 + z_2}{3}, \qquad z_m = \frac{z_0 - z_1}{3} \tag{5-5}$$

假设 A 相线路发生了接地故障，如图 5-2 所示。

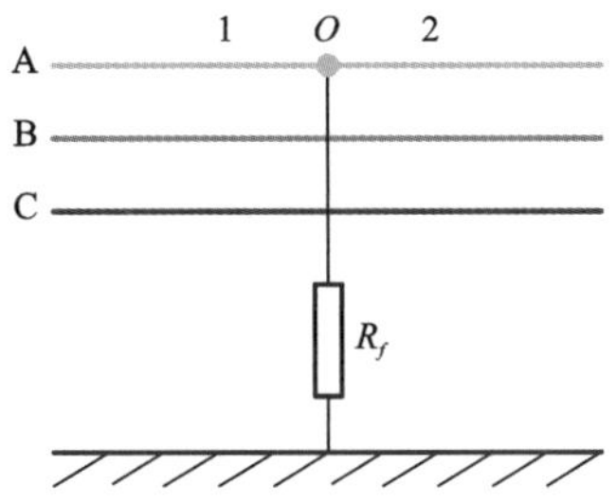

图 5-2　A 相线路接地故障示意图

图 5-2 中，R_f 表示接地电阻。对于 A 相、B 相和 C 相线路来说，O 点发生了 A 相接地故障，接地电阻大小为 R_f，以故障点 O 为分界点，将线路分为近母线端 1 和远母线端 2。从母线端发射的脉冲信号从线 1 入射到线 2，脉冲信号到达故障点 O 时，会在故障点 O 发生反射和折射。用 r 表示入射信号，用 z 表示折射信号，用 f 表示反射信号。A 相、B 相和 C 相线路中的入射电压波可以写作 $U_{r1}=[u_{ar1}\ \ u_{br1}\ \ u_{cr1}]^T$，反射电压波可以写作 $U_{f1}=[u_{af1}\ u_{bf1}\ u_{cf1}]^T$，折射电压波可以写作 $U_{z2}=[u_{az2}\ u_{bz2}\ u_{cz2}]^T$；线路中的入射电流波可以写作 $I_{r1}=[i_{ar1}\ \ i_{br1}\ \ i_{cr1}]^T$，反射电流波可以写作 $I_{f1}=[i_{af1}\ \ i_{bf1}\ \ i_{cf1}]^T$，折射电流波可以写作 $I_{z2}=[i_{az2}\ i_{bz2}\ i_{cz2}]^T$。接地电阻 R 的电流设为 i_R。根据基尔霍夫电压定律和基尔霍夫电流定律可以列写出如式（5-6）～式（5-11）的方程：

$$U_{r1} + U_{f1} = U_{z2} \tag{5-6}$$

$$I_{r1} + I_{f1} = I_{z2} + [i_R \quad 0 \quad 0]^T \tag{5-7}$$

$$U_{r1} = ZI_{r1} \tag{5-8}$$

$$U_{f1} = -ZI_{f1} \tag{5-9}$$

$$U_{z2} = ZI_{z2} \tag{5-10}$$

$$u_{az2} = Ri_R \tag{5-11}$$

将式（5-7）左右两边同时乘以三相阻抗 Z，得到

$$I_{r1}Z + I_{f1}Z = I_{z2}Z + [i_R\ \ 0\ \ 0]^T Z \tag{5-12}$$

将式（5-8）～式（5-10）代入式（5-12）中，得到

$$U_{r1} - U_{f1} = U_{z2} + [i_R\ \ 0\ \ 0]^T Z \tag{5-13}$$

将式（5-6）与式（5-13）做差，得到

$$2U_{f1} = -[i_R\ \ 0\ \ 0]^T Z \tag{5-14}$$

将式（5-14）展开，得到

$$2\times\begin{bmatrix} u_{af1} \\ u_{bf1} \\ u_{cf1} \end{bmatrix} = \begin{bmatrix} z_s & z_m & z_m \\ z_m & z_s & z_m \\ z_m & z_m & z_s \end{bmatrix}\begin{bmatrix} i_R \\ 0 \\ 0 \end{bmatrix} \tag{5-15}$$

式（5-15）第一行为 $2u_{af1} = -i_R \times z_s$，式（5-6）第一行为 $u_{ar1} + u_{af1} = u_{az2}$。将式（5-15）第一行与式（5-6）第一行联立，结合式（5-11）可得

$$u_{af1} = \frac{-z_s u_{ar1}}{(2R + z_s)} \tag{5-16}$$

以此类推，分别联立式（5-15）和式（5-6）的第二行、第三行，可以得到 B 相和 C 相的反射电压波，如式（5-17）所示：

$$\begin{cases} u_{af1} = \dfrac{-z_s u_{ar1}}{(2R + z_s)} \\ u_{bf1} = \dfrac{-z_m u_{ar1}}{(2R + z_s)} \\ u_{cf1} = \dfrac{-z_m u_{ar1}}{(2R + z_s)} \end{cases} \tag{5-17}$$

根据 Karrenbauer 相模变换公式，零模波阻抗和线模波阻抗可以表示为

$$\begin{cases} z_1 = z_s - z_m \\ z_0 = z_s + 2z_m \end{cases} \tag{5-18}$$

将式（5-17）中的 A 相、B 相和 C 相的三相电压反射波做相模变换，得到零模和线模的电压反射波，如式（5-19）所示：

$$\begin{cases} u_{0f1} = \dfrac{-z_0 u_{0r1}}{(6R + 2z_1 + z_0)} - \dfrac{-z_0(u_{1r1} + u_{2r1})}{(6R + 2z_1 + z_0)} \\ u_{1f1} = \dfrac{-z_0 u_{1r1}}{(6R + 2z_1 + z_0)} - \dfrac{-z_1(u_{0r1} + u_{2r1})}{(6R + 2z_1 + z_0)} \\ u_{2f1} = \dfrac{-z_1 u_{2r1}}{(6R + 2z_1 + z_0)} - \dfrac{-z_1(u_{0r1} + u_{1r1})}{(6R + 2z_1 + z_0)} \end{cases} \tag{5-19}$$

式中，u_{0f1} 为 0 模电压反射波；u_{1f1} 为 1 模电压反射波；u_{2f1} 为 2 模电压反射波；u_{0r1} 为 0 模电压入射波；u_{1r1} 为 1 模电压入射波；u_{2r1} 为 2 模电压入射波。

从线路的母线端注入相同的电压脉冲信号 u，即 $u_a=u_b=u_c=u$。当脉冲信号达到故障点之前，线路中只存在 0 模信号，不存在 1 模和 2 模信号。因此，可以假设第一次到达故障点的 0 模信号为 u_0'，式（5-19）可以改写为

$$\begin{cases} u_{0f}=-\dfrac{-z_0u_0'}{(6R+z_0+2z_1)} \\ u_{1f}=-\dfrac{-z_1u_0'}{(6R+z_0+2z_1)} \\ u_{2f}=-\dfrac{-z_1u_0'}{(6R+z_0+2z_1)} \end{cases} \tag{5-20}$$

零模信号经过故障点后，电压反射波中出现了线模信号。注入的脉冲 u_0' 为正时，反射的电压的线模信号为负，与入射波极性正好相反。线路分支的折射和反射不改变信号的极性。反射的线模信号的幅值大小与入射信号的幅值大小正相关；反射的信号线模信号的幅值大小与接地电阻大小负相关。图 5-3 所示为系统故障线路与非故障时首端采集的线模电压波形。发生不对称故障时，三相线路在故障点处被打破平衡，线路之间产生相互耦合，线路首端能采集到故障点反射的线模电压；系统正常时，三相平衡，首端采集的线模电压为 0。

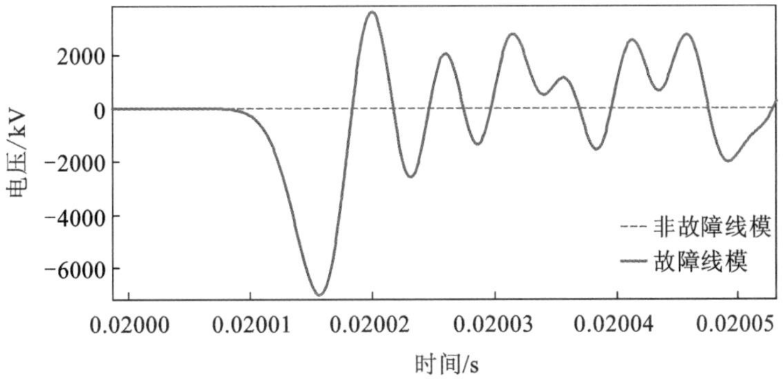

图 5-3　故障与非故障时首端的线模电压波形

综上，可根据以上理论分析得出故障测距的基本方法。在配电网母线首端注入电压相同的三相高压脉冲信号，注入端第一次检测到的线模电压波形即为故障点反射回来的。可以根据反射回来的线模脉冲信号，提取其中的关键特征，确定故障距离。

2. 暂态故障传播过程分析

行波在线路中的传输是由线路的分布参数决定的，也就是由电阻、电导、电容以及电纳决定的。如图 5-4 所示为一小段线路的等效图。其中 dx 表示很短的一段线路，r_o 表示单位电阻，l_o 表示单位电感，c_o 表示单位电容，g_o 表示单位电导。线路电压向量用 $U(x)$ 表示，只由线路长度 x 决定，同样，电流向量用 $I(x)$表示，也只由线路长度决定。

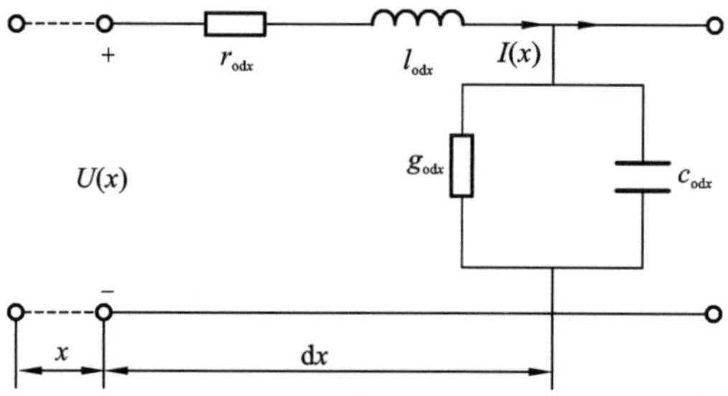

图 5-4 小段线路等效图

分析图 5-4 可以列写出如式（5-21）所示的电压电流关系方程。

$$\begin{cases} -\dfrac{\mathrm{d}U(x)}{\mathrm{d}x}=(\mathrm{j}\omega l_{o}+r_{o})I(x) \\ -\dfrac{\mathrm{d}I(x)}{\mathrm{d}x}=(g_{o}+\mathrm{j}\omega c_{o})U(x) \end{cases} \tag{5-21}$$

对式（5-21）的微分方程进行求解，可以解得

$$\begin{cases} U(x)=A\mathrm{e}^{-\gamma x}+B\mathrm{e}^{\gamma x} \\ \gamma=\sqrt{(\mathrm{j}\omega l_{o}+r_{o})(\mathrm{j}\omega c_{o}+g_{o})}=c+\mathrm{j}d \end{cases} \tag{5-22}$$

式中，A 和 B 表示积分常数，其值由线路的边界条件确定；线路的传播系数由 r 表示，r 的实部为 c，是衰减系数，r 的虚部为 d，是相位系数。线路中的单位电导 g_o 很小，将其忽略，线路的传播系数 r 就主要由单位电阻、单位电感和单位电容决定。相位系数和衰减系数都不是固定值，而是随着频率的变化而变化的。衰减系数 c 会随着频率的增加而增加，是一个非线性增长的过程。行波传输的距离越远，高频分量就越少，相位系数 d 也会随着频率的增加而增加。同时，行波的传播速度也是变化的。

向母线端注入三相相同的脉冲信号，达到故障点之前，线路中存在零模信号；达到故障点后，三相线路不再平衡，会产生线模信号。因此从母线首端注入的高压脉冲信号，在首端检测从故障点反射的线模信号这个过程经历了两个传输阶段。先是信号从母线端到故障点，这一段线路中只存在零模信号；再是信号从故障点到母线端，信号到达故障点后由于交叉渗透产生了线模信号，线路首端检测的线模信号就是从故障点反射的。当频率发生变化时，若为零序电感，电阻和电抗都对频率产生影响，线模信号比较稳定，受频率影响较小；若为零模信号，就受频率影响较大，故障距离长，高频分量衰减严重，波速会变小，这一衰减过程不是线性的。

传输距离的增加以及传输线电阻的损耗，都会使得反射回来的波幅值减小。反射波的形状也将发生变化。故障距离越远，传播的时间越长，波形越平滑。行波的振幅和相应的传播速度随频率而变化。行波经过长距离传播后，到达故障点，经过故障点的反射。在母线首端测得的行波波前在传输过程中会发生畸变。图 5-5 展示了不同距离后反射的

行波波前的畸变和衰减。将同一接地故障置于不同距离处，说明了不同距离传播后行波波前的畸变和衰减，传播时间较长的波前比靠近测量点的波前延伸得更大。

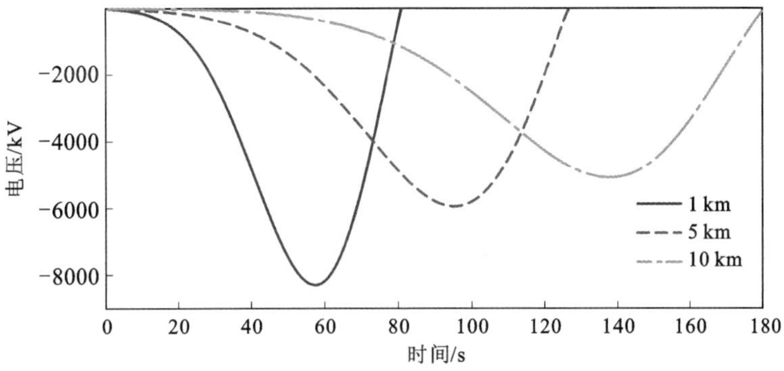

图 5-5　不同故障距离下反射波

在母线端注入三相电压相同的脉冲信号，在线路首端检测返回的线模电压信号，这时检测到的线模行波是由注入的零模行波在故障点反射产生的。如果依据行波往返故障点的时间来计算故障距离的 C 型行波测距法，故障测距公式为

$$\begin{cases} v_o t_o = s \\ v_1 t_1 = s \\ t_1 + t_o = t \end{cases} \tag{5-23}$$

式中，s 为线路首端到故障点的距离；v_o 为零模波速度，t_o 为零模波到故障点的距离；v_1 为线模波速度；t_1 为线模波到故障点的距离；t 为注入脉冲信号到首次测到反射线模信号的时间。

解得故障距离 s 为

$$s = \frac{v_o v_1 t}{v_o + v_1} \tag{5-24}$$

已知线模波速度、零模波速度与反射波达到时间 3 个量，就可以依据式（5-24）计算故障距离 s。

行波在无损线路中的传播速度是光速（3×10^8 m/s）。行波在实际真实的线路中传输必然会发生衰减，衰减的因素也有很多，主要包括导体的电阻，导体的对地电导、电晕以及大地的损耗。线模波速度和零模波速度都会随着频率的变化而变化。零模波速度受到频率的影响更大，线模行波受到频率的影响较小。

行波的到达时间也是难以确定的。从图 5-5 可知，故障距离越远，反射波头越平缓。一般的到达时间计算采用阈值法和小波法。小波法即采用小波变换，提取小波变换后的模极大值，对应的点就是信号突变点。阈值法即设定阈值，大于这个阈值时，就确定为行波达到时间。故障距离的增加，会使得检测到的到达时间与真实的行波到达时间存在差异。再加上无法确定出真实的波速度，零模和线模波速度或多或少会受到频率的影响。

波速度乘以行波到达时间才能得到故障距离，又进一步增大了测距误差。现在，假设行波在无损线路中传输，线模零模的波速度都是光速（3×10^8 m/s），假设首端量测装置的采样频率为 1 MHz，行波的到达时间检测出现一个采样点的误差，产生的测距误差如式（5-25）所示：

$$(1\times10^{-6})\,\mathrm{s}\times(3\times10^{8})\,\mathrm{m/s}=300\,\mathrm{m} \tag{5-25}$$

因此，如果行波达到时间与实际达到时间不一致，就会产生至少 300 m 的测距误差。只能通过提高量测装置的采样频率来减小测距误差。此外，还可以通过改善算法，使得检测行波的达到时间与实际达到时间的误差减小，从而改善测距精度。

5.2.2 BP 神经网络设计

BP 神经网络是误差反向传播的前馈神经网络，其特点是信号向前传播，误差反向传播，作为浅层神经网络，应用非常广泛。BP 神经网络由多个节点像网络一样连接而成，当输入数据与输出数据内部的关系难以用数学表达式描述，且它们之间存在复杂的非线性关系时，网络通过不断地调整网络的内部参数（包括权重和偏置），学习输入数据与输出数据之间的内在关系，使得特定数据输入时，能够得到无限接近实际的输出数据。神经网络的好处是对于一些难以用公式描述其解析关系的输入输出数据，利用网络内节点与节点的简单连接，模拟出无限逼近其内部的真实联系。

BP 神经网络的基本结构如图 5-6 所示，图中描述的是一个简单的三层神经网络。包括输入层、隐藏层以及输出层。输入层与输入数据直接连接；输出层直接输出神经网络对输入数据的预测结果；隐藏层即中间层，不与外界连接，但是中间层的每个神经元基本上都会对网络的输出产生影响，产生影响的大小由网络的权重决定。根据所要解析的非线性关系的复杂度，可以改变网络的架构（包括隐藏层层数和节点数），使得网络架构与任务复杂度匹配得到最优的网络性能，因此其架构的选择也是本书一个重要的研究内容。

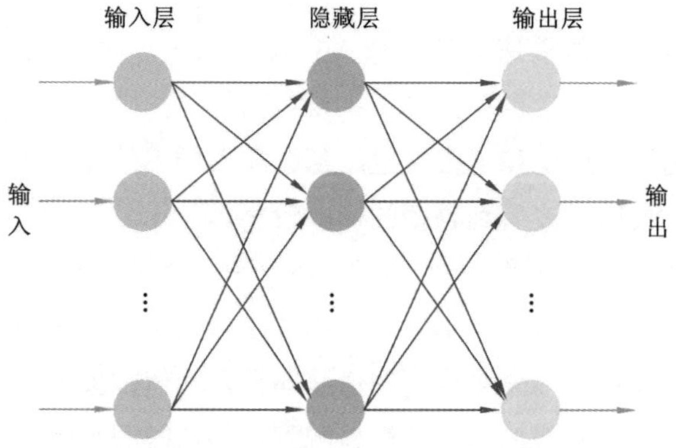

图 5-6　BP 神经网络的基本结构图

BP 神经网络的权值矩阵将网络的各个层连接在一起，上一层的网络与下一层的网络按照全连接的方式连接在一起。但是本层网络的神经元只能与上一层和下一层的网络连接，不能跨层连接，同一层的神经元之间也不能私自连接。

图 5-7 所示为单个神经元的模型结构。每个节点会接收上一层的其他节点传来的数据，通过权值的连接，将这些输入加起来 $(w_1x_1 + w_2x_2 + w_3x_3 + \cdots)$，得到总输入，然后与阈值 θ 进行比较，经过激活函数，得到本神经元的输出，这个输出会成为下一个神经元的输入，通过此方式一层层地连接下去。非线性的激活函数使得网络具有非线性，不再是输入数据的简单线性组合。其中，神经元的输入与输出的关系式为

$$y' = f(x) = f\left(\sum_{i=1}^{n} w_i x_i + b\right) \tag{5-26}$$

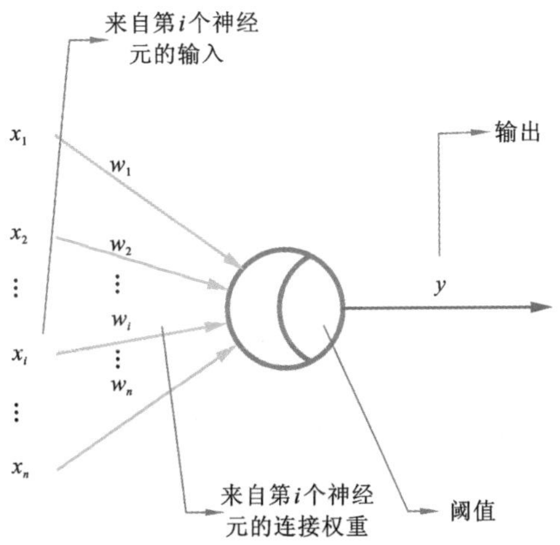

图 5-7　单个神经元模型

BP 神经网络的训练过程主要包括两个步骤：一是进行正向计算，输入数据依次从输入层到隐藏层再到输出层，本层的神经元只能影响下一层的神经元；二是当输出数据与标签数据误差超过期望值时，进行误差的反向传播计算，调整神经元的权重与偏置。细节步骤如下。

（1）将输入数据 x 与标签数据 y（期望输出数据）输入网络。

（2）正向计算，根据式（5-26）逐层计算每个神经元的输出，再得到网络的输出 y'。

（3）计算误差（这里的误差是网络输出值与期望值），如式（5-27）所示：

$$L(x,y) = -\sum_{i=1}^{n}\left[x_i \ln y_i + (1-x_i)\ln(1-y_i)\right] \tag{5-27}$$

（4）调整网络参数，网络参数 θ 包括权重矩阵和偏置向量（W、b）。用反向传播算法将代价函数最小化算出网络参数，如式（5-28）所示。训练网络使用随机梯度下降算法，每次迭代更新参数 W 和 b，如式（5-29）和式（5-30）所示。

$$J(\theta)=\frac{1}{N}\sum_{i=1}L\{x^{(i)},y^{(i)}\} \tag{5-28}$$

$$W_{ij}=W_{ij}-\varepsilon\frac{\partial}{\partial W_{ij}}J \tag{5-29}$$

$$b=b-\varepsilon\frac{\partial}{\partial b}J \tag{5-30}$$

（5）将所有的样本按照上述步骤进行训练，训练完成所有的样本之后，计算网络产生的总的样本误差，计算公式为

$$E_{总}=\frac{1}{2}\sum_{k=1}^{K}\sum_{j=1}^{J}(y_j-y'_j)^2 \tag{5-31}$$

式中，j 为输出向量的维度；k 为样本的数目。

如果总的样本误差较大，调整网络的内部参数，重新训练，直到误差值小于预设的误差。具体步骤如图 5-8 所示。

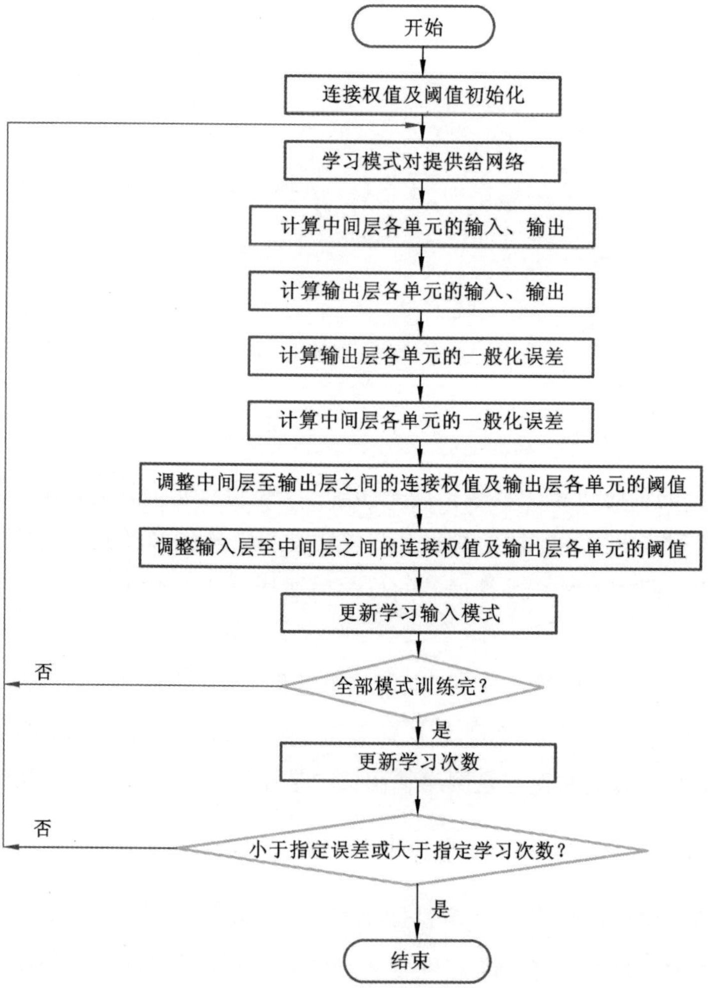

图 5-8　BP 神经网络的训练步骤

5.2.3　基于反射脉冲特征提取的故障测距应用

基于反射脉冲特征提取的故障测距法流程图如图 5-9 所示。定位的方法主要分成以下基本步骤：①注入脉冲，在配电网线路母线首段注入三相对称的高压脉冲信号；②在注入点处检测反射回来的线模脉冲信号，检测到的首个线模脉冲信号就是故障点反射回来的；③提取线模脉冲信号到达时间，从到达时间开始截取反射信号的首波脉冲波形；④将数据进行归一化，利用自编码器提取反射回来的首个线模脉冲信号的特征；⑤将步骤③提取的到达时间与步骤④提取的反射线模脉冲信号的特征合成一个故障特征序列；⑥将故障特征序列作为网络的输入信号，利用 BP 神经网络对其进行故障测距；⑦当出现疑似故障点时，比较主干线路末端采集到的线模信号和零模信号的到达时间差，判断故障分支。

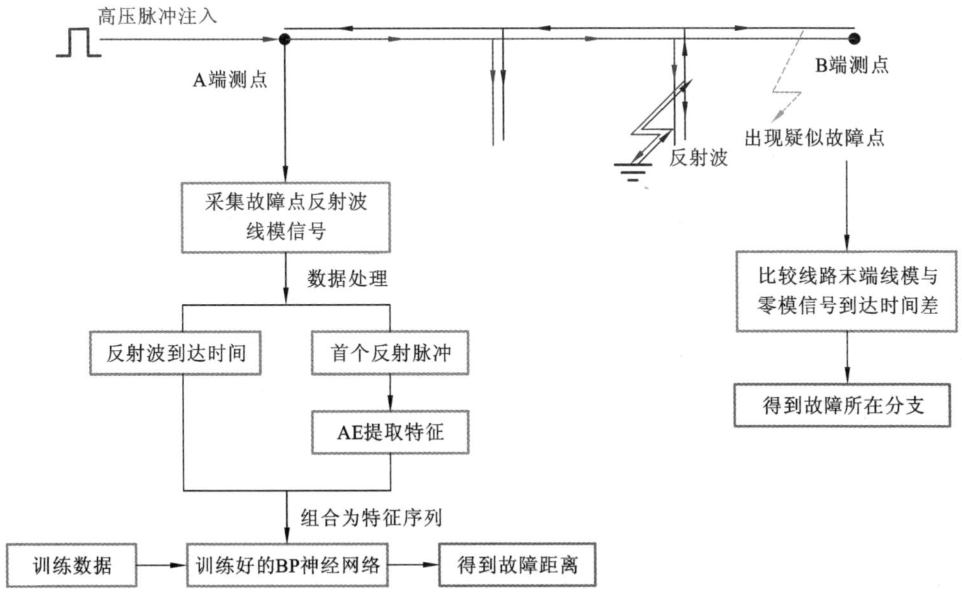

图 5-9　基于反射脉冲提取的故障测距法流程图

1. 确定反射信号到达时间

本章的方法需要提取反射回来信号波的特征，反射信号的到达时间就成了首先需要确定的问题。众多的国内外学者也对这个问题进行过大量的研究，提出许多方法。其中应用比较广泛的就是小波法和导数法。小波法在使用的时候，需要考虑小波基的选择以及小波尺度的选择，小波基和小波尺度选择得好，效果才好。导数法就比较简单、快捷、高效，但是导数法容易受到噪声的影响，自身信号的幅值大小也会影响其效果。于是，为了保证实用性，采用改进的比值法来确定反射信号的到达时间，这种方法信号幅值的影响较小。

导数法是检测信号的一阶导数或者二阶导数的数值是否超过设定的阈值。以离散信号为例，导数法的计算如式（5-32）所示：

$$\frac{X(i)-X(i-1)}{T_c}>s \tag{5-32}$$

式中，$X(i)$ 和 $X(i-1)$ 为相邻两个采样点的采样值；T_c 为离散信号的采样周期；S 为根据经验设定的阈值。将式（5-32）进行形式的变换，变换成

$$X(i)-X(i-1)>sT_c \tag{5-33}$$

从式（5-33）看出，等式的左边是相邻两个采样点的差，等式的右边是采样时间乘以阈值，是一个固定值，与实际的信号没有任何联系。相邻采样点的差值与信号自身的大小有关，还与其变化率有关，这些原因都使得导数法的效果不好。如果 $X(i)$ 和 $X(i-1)$ 刚好遇上噪声或干扰，会使判断的结果产生很大的误差，不利于到达时间的准确判断，而且这种方法还会放大高频分量。

为了改进导数法，将式（5-33）进行适当的变化如下：

$$\frac{X(i)}{X(i-1)}>s \tag{5-34}$$

从式（5-34）根据利用信号的绝对变化量与阈值比较，变化为利用信号的相对变化量与阈值比较，这种方法的优点在于结果与信号的幅值大小没有关系，只与信号的变化量有关系。为了提高式（5-34）的可靠性以及抗干扰性，从以下两个方面对式（5-34）进行改进：①信号的突变不一定会出现在连续的采样点上，它们可能间隔了几个采样点；②需要设定一个阈值，小于该阈值的采样值判定为系统的正常波动；③信号的起始点之前不可能连续出现好几个点的采样值大于起始点的采样值。根据以上三点改进，式(5-34)可以改写为

$$\begin{cases} X(n)>K,\ n=i,j,j+1,\cdots,j+r-1 \\ \left(\left|\dfrac{X(j)}{X(i)}\right|>s_0\right)\&\left(\left|\dfrac{X(j+1)}{X(i)}\right|>s_1\right)\cdots\&\left(\left|\dfrac{X(j+r-1)}{X(i)}\right|>s_{r-1}\right) \\ P\left\{\left(\left|\dfrac{X(m)}{X(j)}\right|>1\right)\&\left(\left|\dfrac{X(m+1)}{X(j)}\right|>1\right)\cdots\&\left(\left|\dfrac{X(m+s-1)}{X(j)}\right|>1\right)\right\}=0 \end{cases} \tag{5-35}$$

式中，$X(j)$为表示波形的突变点，j 表示波形突变点的采样排序，i 和 $m+s-1$ 都是小于 j 的；$P\{\}=0$，表示不可能发生，概率为零。式（5-35）中第一个公式表示波形突变点的前面 1 个点、后面 $r-1$ 个点的采样值都要大于门槛值，以免系统的正常波动干扰了判断的准确性；第二个公式表示波形起始点后的 r 个点采样值与波形突变点的前一个点的采样值的比值一定要大于门槛值；第三个公式表示起始点前不可能连续出现 s 个点的采样

值大于波形突变点 $X(j)$。为了便于计算，S_0、S_1、S_2 一直到 S_{r-1}，可以选择相同的门槛值。r 和 s 的值根据采样频率和经验值判断。当采样频率达兆赫级别时，r 的值在 5～10 选择，s 的取值则应该比 r 的取值大一些。

根据式(5-34)的改进比值法确定信号到达时间。以本书信号检测装置设置为 10 MHz 为例。波形突变点的前面 1 个点，后面 $r-1$ 个点的采样值都要大于门槛值，将 r 的值设置为 5，门槛值 K 设置为 20；波形起始点后的 r 个点的采样值与波形突变点的前一个点的采样值的比值一定都要大于门槛值，S_0、S_1、S_2… 都设置为 10；起始点前不可能连续出现 s 个点的采样值大于波形突变点，将 s 的值设置为 10。根据配电网最远线路长度确定，距离远，故障距离远，反射回来的信号上升率缓慢，门槛值不宜设置得过高。

2. 数据预处理

在母线首端注入三相高压脉冲信号，在距离线路首端 1 km、4 km 和 7 km 的位置设置 A 相接地故障，接地电阻设置为 1 Ω、10 Ω 和 100 Ω。从母线端注入的三相电压为正，从故障点返回的线模电压首波为负。图 5-10 为不同故障条件下的反射线模波形图。图 5-10（a）为接地电阻相同、故障距离变化时采集到的线模信号，故障距离越远，首波信号的开始时间越长，信号波形幅值越小，波形的形状也呈现出差异；图 5-10（b）为接地电阻变化、故障距离相同时采集到的线模信号，接地电阻只影响波形的幅值，不影响其形状。

将图 5-10（a）（b）反射回来的首波线模脉冲信号提取出来，从计算的信号到达时间开始截取，一直到首波脉冲过零点的位置，截取结果如图 5-10（c）（d）所示。图 5-10（c）中故障距离变化时，首波线模脉冲的宽幅、幅度、峰值点、波形的下降沿斜率等都会随着故障距离的变化而发生较为显著的变化。图 5-10（d）中接地电阻变化时，对首波脉冲的形状几乎没有改变，改变的只是首波脉冲的幅值。

由前面的分析可知，注入信号的幅值和分支点的折射都只会影响首波反射脉冲的幅值，经过一个分支点幅值都会衰减；加上接地电阻的大小，几乎对波形的形状不产生影响，只对幅值产生影响。为了消除分支点、接地电阻和注入脉冲幅值对测距结果的影响，必须对首波脉冲进行数据的归一化处理。

归一化处理是挖掘数据的一项基本工作。将数据进行归一化处理后不仅可以加快梯度下降求最优解的过程，也可能发挥出算法的最优效果。线性归一化是常用的归一化方法，特征量化公式为

$$z=\frac{x_i-\min(x_i)}{\max(x_i)-\min(x_i)} \tag{5-36}$$

式中，$\max(x_i)$和 $\min(x_i)$为归一化后的最大值和最小值；x_i 为原始数值；z 为归一化后的值。

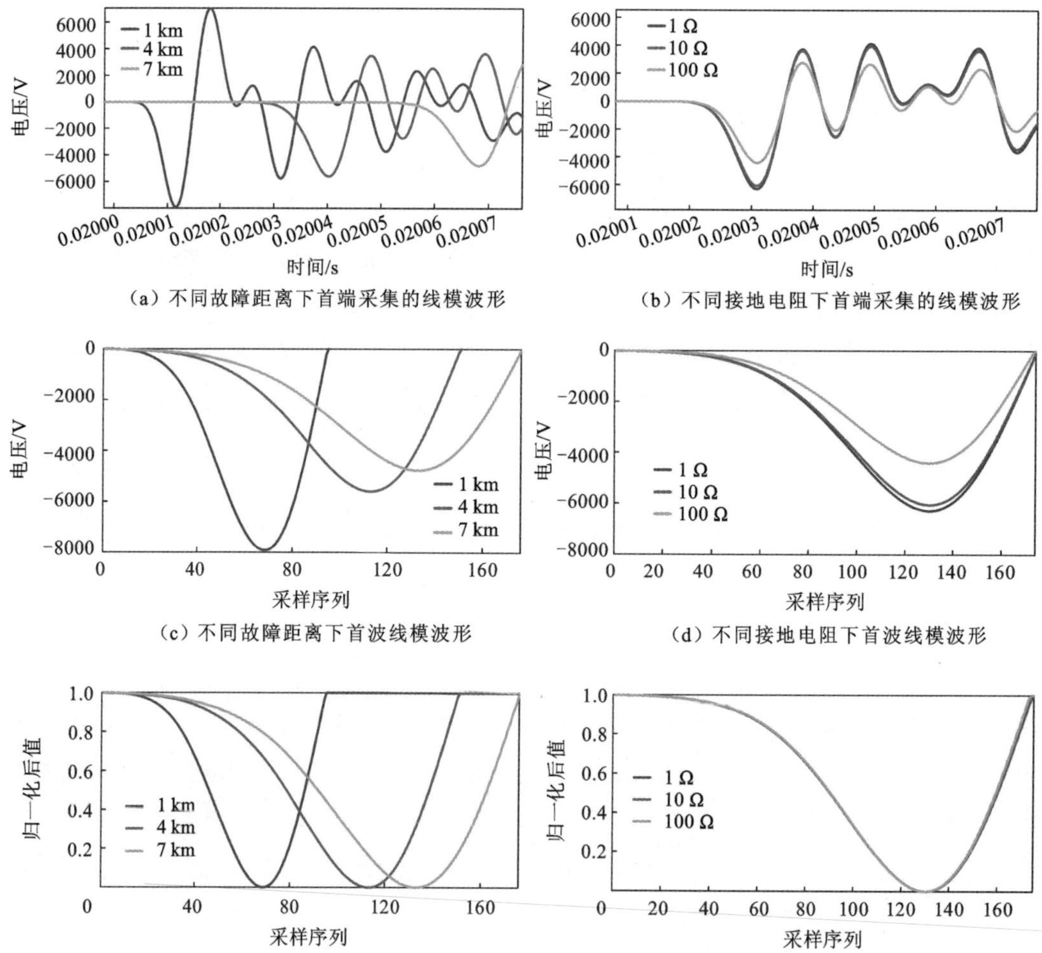

(a) 不同故障距离下首端采集的线模波形
(b) 不同接地电阻下首端采集的线模波形
(c) 不同故障距离下首波线模波形
(d) 不同接地电阻下首波线模波形
(e) 不同故障距离下归一化后首波线模波形
(f) 不同接地电阻下归一化后首波线模波形

图 5-10 不同故障条件下的反射线模波形图

首波脉冲数据经过归一化处理之后，得到的图形如图 5-10（e）（f）所示。归一化后接地电阻对于首波脉冲信号的影响小了很多。图 5-10（e）中，首波脉冲的波形的上升沿斜率随故障距离的增加而下降，峰值的高度也随着故障距离的增加而增加，波形的宽度也随着故障距离的增加而增加。首波脉冲的波形形状中蕴含了故障距离的特征，这种关系难以用公式进行解析描述。

3. 特征提取

传统的特征提取主要是基于专家系统的，专家根据对特定类型数据集的分析给出特征提取方法。这些方法非常耗时，而且对于不同的情况，特征表示可能会有所不同。与传统的基于专家系统的特征提取方法不同，自编码器（AE）提供了一种无监督的特征提取方法，减少了人为提取特征选择特征的烦琐过程。

在机器学习中，特征提取的好坏暂时还没有一个通用的标准来衡量。特征提取的过程中肯定会对原始的数据造成损失，因此需要尽可能地保留原始数据中的关键点信息，如果需要尽可能地保留原始的数据，会使得数据在经过特征提取后的维数仍然很多。针对本书的不同样本的首波脉冲数据，对应不同的故障距离。因此，本书的衡量特征的优劣需要考虑两个因素：尽可能地保留原始数据和不同故障距离的样本相似性低。

保留原始数据的评判标准是，数据经过编码器和解码器后得到的数据与原始数据的相似程度，用均方差来描述这个误差的大小；特征相似性低的评判标准是，不同故障距离的样本提取出来的特征差异大，用方差来描述差异的大小。

提取特征需要确定自编码器的架构、提取特征时需要采用的自编码器数目和每次压缩的维度大小。例如，一个维度为 200 的数据，直接将其压缩成 3 维的数据，损失的有用数据肯定是很多的；如果将其分两次压缩，先压缩为 100 维，再压缩为 3 维，则损失的数据会变少。深层的网络能够更好地学习数据中蕴含的特征，浅层网络的学习能力和泛化能力都有限。

单层的自编码器输入层和输出层的维度一样，有一个隐藏层，隐藏层的输出就是特征；两个自编码器组合就相当于自编码器的嵌套，第一个自编码器提取的特征作为第二个自编码器的输入，输入层和输出层维度一样，有三个隐藏层，第一个隐藏层的输出是自编码器 1 提取的特征，第二个隐藏层的输出就是自编码器 2 提取的特征，以此类推。选择自编码器数目时，主要判断其是否能够很好地还原原始数据。输入层和输出层的大小都是原始输入的维度。通过输入数据和网络复原的输入数据的均方差来评价不同自编码器网络的性能。由于自编码器的权值和阈值是随机初始化的，因此训练网络的平均性能如表 5-1 所示。除了体系结构，在这一比较中，所有的训练参数都是相同的。

表 5-1　结构不同的网络的训练误差

网络结构	均方误差
180-10-180	0.1144
180-90-10-90-180	0.0106
180-90-30-10-30-90-180	0.0139

当有 1 个自编码器时，复原数据的效果不好。增加自编码器的数目，均方误差（mean square error，MSE）会降低。但当层数继续增加时，均方误差显著降低，这是由隐藏层数过多而产生的过度拟合所致。当自编码器的计算能力与任务的复杂性和训练数据量相匹配时，它的工作效果最好。两个自编码器具有最小的均方误差，因此本书选择了它。

如上所述，选择两个自编码器来进行特征的提取。讨论每次压缩数据的维度：第一个隐藏层 S1 和第二个隐藏层 S2。为了逐层降低提取特征的维数，隐藏层 S1 的大小应大于隐藏层 S2 的大小。S2 的输出就是对原始数据的特征提取结果。用不同故障距离的样本数据经过自编码器特征提取后特征之间的方差来判断不同故障距离下特征的差异度。对于由 N 个标量观测值组成的随机变量向量 A，方差（variance，VAR）的计算公式为

$$\begin{aligned} \mathrm{VAR} &= \frac{1}{N-1}\sum_{i=1}^{N}|A_i-\mu|^2 \\ \mu &= \frac{1}{N}\sum_{i=1}^{N}A_i \end{aligned} \tag{5-37}$$

式中，μ 为平均值。

采用不同故障距离的样本的均方差来帮助设置体系结构参数。方差大，不同故障距离下的特征差异大，对后续的测距更有优势。根据图 5-11 所示，当 S1＝65 和 S2＝10 时，网络具有更好的提取特征的性能。

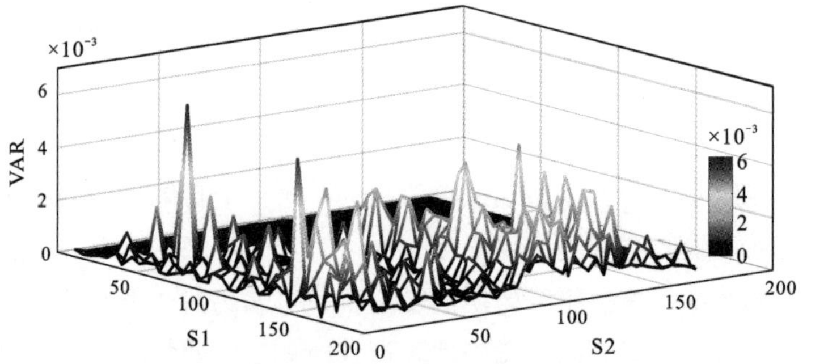

图 5-11　不同自编码器结构的特征间的方差

采用一个具有两个隐藏层、大小为 200-65-10 的堆叠自编码器（stacked autoencoder，SAE）来说明特征提取能力。传统方法的特征提取是手动的，这种提取方式不仅耗时，而且针对不同的问题难以选取到最合适的特征。自编码器为一种机器提取特征的方式，为了测试自编码器对特征提取的效果，让自编码器提取故障数据的特征。

为了验证自编码器提取的特征的性能，将自编码器提取的特征与传统的特征提取方法即小波能量提取的特征进行对比。小波能量是特征提取中常用的工具。利用小波分解故障信号，计算各频带的能量：

$$E_i = \sum_{k=1}^{n}|x_i|^2 \tag{5-38}$$

式中，E_i 为每个频带的小波能量；x_i 为计算频带的小波系数；n 为分解水平的数目。所有分解频带的小波能量形成一个特征向量。

为了验证特征提取的稳定性，对小波能量和自编码器产生的特征进行比较。这里选择“db4”作为小波基，分解级别为 10。构造了不同类型瞬态的特征向量 $[E_1 \ E_2 \ \cdots \ E_{10}]$。图 5-12 所示为自编码器与小波能量特征提取的特征序列图。让它们提取的特征级别相同，相同的故障距离不同接地电阻时，自编码器和小波能量提取的特征都很好。在相同

接地电阻和不同故障距离下，自编码器的特征差异更大一些，尤其是在第五个序列；小波能量的特征差异较小。如果采用相同的神经网络拟合故障距离，小波能量特征更容易产生较大的测距误差。

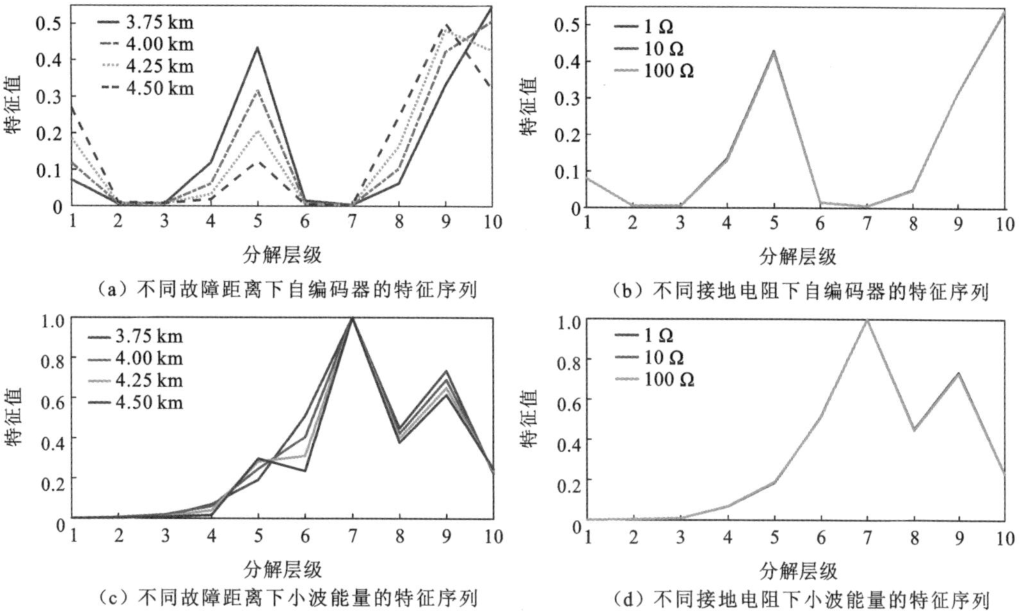

（a）不同故障距离下自编码器的特征序列　（b）不同接地电阻下自编码器的特征序列

（c）不同故障距离下小波能量的特征序列　（d）不同接地电阻下小波能量的特征序列

图 5-12　AE 与小波能量特征提取的特征序列图

4. 网络训练

前面已经介绍了线模反射波的首个脉冲波提取，与信号到达时间一起组成特征序列。在组成特征序列之前，将自编码器提取的特征与信号到达时间都进行归一化处理；归一化处理之后，组合成一个维度为 11 的特征输入序列。将这个特征序列作为神经网络的输入，输入 BP 神经网络。在这个网络中，输入层的单元数就是特征序列的维度，输出层的层数为 1，输出的就是故障点与量测点的距离。

在整个网络中，最重要的就是网络的结构，包括隐藏层的层数和隐藏层的节点数。确定隐藏层的层数以及隐藏层的节点数就是在网络训练阶段的重要任务，对于网络的测距精度影响较大。本书以训练误差最小为训练目标，即训练样本的标签数据与网络输出数据的均方误差最小。首先确定网络的隐藏层层数，由于 BP 神经网络是浅层的神经网络，隐藏层的层数不宜过多，过多的隐藏层会使得 BP 网络难以学习和训练，容易陷入局部最优，根据其他学者对 BP 网络的研究结果，本书决定选择 1 个隐藏层。接下来进行隐藏层节点数的选择，遍历神经元节点数，进行网络训练，选择出使网络训练误差最小的隐藏层节点数。除了确定神经网络的架构外，还有学习率、动量因子等参数需要调整，经过适量的微调选择推荐值就能达到很好的效果。

1）隐藏层结构

BP 神经网络的中间层即隐藏层可以有 1 层或者多层。根据神经网络的基本原理，含有一个隐藏层的神经网络可以无限逼近拟合任何复杂的函数，但是网络规模较大；多层的神经网络可以提升神经网络的训练速度，但是存在深层的 BP 神经网络难以学习和训练，训练的过程中容易达到局部最优。再加上前面已经针对故障数据利用自编码器进行无监督学习压缩并提取了故障特征，BP 神经网络的层数不需要太多，否则训练效果反而不好。因此，经过分析考量，本书决定选择 1 个隐藏层的网络结构。

2）隐藏层的节点数

隐藏层的节点数会影响网络的性能，选择好隐藏层节点数能够使得网络的性能提高。隐藏层的节点数与神经网络的训练精度、所解决问题的复杂度、输入层的节点数与输出层的节点数都有很大的关系。现阶段的机器学习算法中，没有一个明确的标准去选择隐藏层的节点数，都是通过实验的方法去选择最优的隐藏层的节点数。如果隐藏层的节点数选择得过少，会使得不管怎么训练改变实验参数，都无法达到所期望的预期结果；节点数过多，会使得网络很复杂，增大训练难度，出现过拟合的问题。因此，一定要选择合适的隐藏层节点数。

首先根据式（5-39）选择一个大概的中间层节点范围：

$$\sqrt{m+n}+a=s_1,\quad a\in[1,10] \tag{5-39}$$

式中，n 为输入层的节点数；m 为输出层的节点数；s_1 为中间层节点数；a 为一个实常数。

根据式（5-39），可以计算出隐藏层的节点数的范围是[4, 14]。适当扩大范围，将隐藏层节点数的选择范围扩大至[3, 20]。在这个范围内，遍历神经元节点数，进行网络训练，选择出使网络训练误差最小的隐藏层节点数。具体过程如图 5-13 所示，即为隐藏层结构的调试流程图，根据流程图进行网络的调试。

不同的隐藏层的节点数有不同的训练误差，不同隐藏层的节点数的迭代周期随迭代周期训练误差如图 5-14 所示，不同隐藏层节点数的最小训练误差如图 5-15 所示。从图中可以看出一些规律，隐藏层节点数较小时，训练误差率随着隐藏层节点数的增加而减小；当隐藏层节点数继续增加时，训练误差并没有随着节点数的增加而减小，反而有增大的趋势。分析这种现象，隐藏层节点数太小，不能充分表征信号，隐藏层节点数大了，难以训练，容易达到局部最优。最后，选择隐藏层节点数为 9，BP 神经网络结构为 11-9-1。

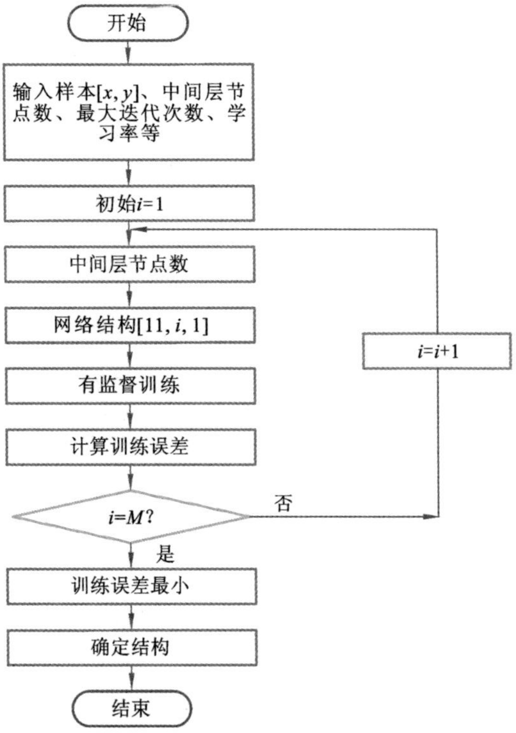

图 5-13　隐藏层结构的调试流程图

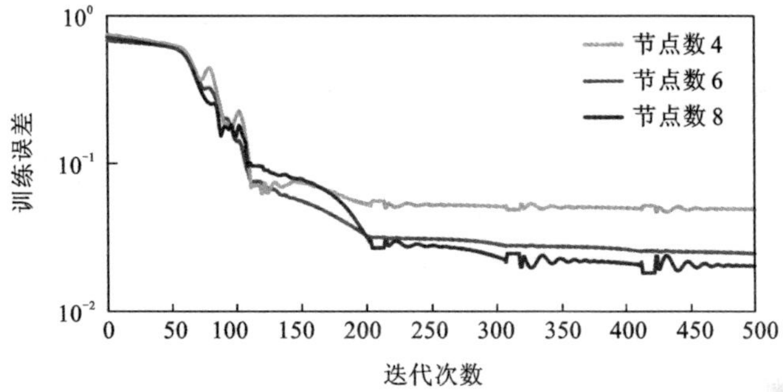

图 5-14　不同隐藏层节点数的迭代周期随迭代周期训练误差图

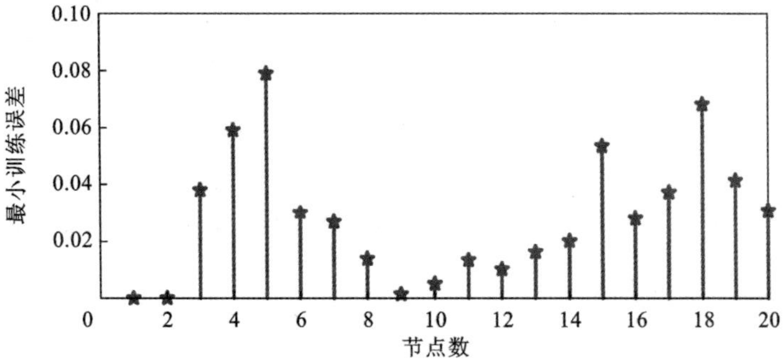

图 5-15　不同隐藏层节点数的最小训练误差图

3）其他参数

除了网络的结构外，传递函数采用 Sigmoid 传递函数，训练方法是列文伯格-马夸尔特（Levenberg- Marquardt，LM）法，是利用梯度求最大（小）值的算法，同时具有梯度法和牛顿法的优点。当λ很小时，步长等于牛顿法步长；当λ很大时，步长约等于梯度下降法的步长。采用平均平方误差作为代价函数，学习率为 0.01，迭代次数根据误差收敛的曲线设定，设定为 300。

4）确定待测点故障位置

总之，大量的调试工作使得最终网络模型在训练样本都具有较高的测距精度。以故障特征向量 11 作为 BP 神经网络的输入，故障距离对应的是网络的输出，训练神经网络，确定网络最优参数，得到最优网络模型，保存训练好的 BP 神经网络。这个网络就可以完成测距任务了。

5）疑似故障点排除

如网络存在分支，找出故障点距离量测装置的距离之后，可能存在疑似故障点，即故障点可能出现在分支上，也可能出现在主干线路上。根据前文所述，向线路注入三相电压相同的高压脉冲信号，会在故障点处产生线模信号，此时，故障点处同时具有线模信号和零模信号。图 5-16 所示为故障脉冲路线图。如图 5-16（a）所示，当测距距离大于首个分支节点的距离时，会出现伪故障点，即故障可能出现在分支线路上，也可能出现在主干线路上。如图 5-16（b）所示，如果故障出现在主干线上，故障点之前线路中只有零模信号，故障点处会同时具有线模和零模信号，信号的路径图已经标注出来，故障在主干线上，主干线对端的测点 M2 会同时测到线模和零模信号。如图 5-16（c）所示，如果故障点在一级分支线上，测点 M2 最先检测到的零模信号一定是从首端发射过来的，而线模信号要从分支处的故障点达到测点 M2，因此，测点 M2 检测到的首个线模信号走过的路程一定比检测到的首个零模信号多了两个故障点到分支点的距离。根据对端线路的测点 M2 检测到的首个线模和零模信号的开始时间，可以判断出故障是否在主干线路上。如果同时到达，故障在主干线路上；如果间隔时间较长，故障在分支线路上。

配电线路短，零模和线模波速度差距较小，利用比值法检测的信号到达时间存在误差，综合考虑，在量测点 M2 测量的线模零模信号的到达时间差在 3 个采样点内，都认为故障发生在主干线路上。

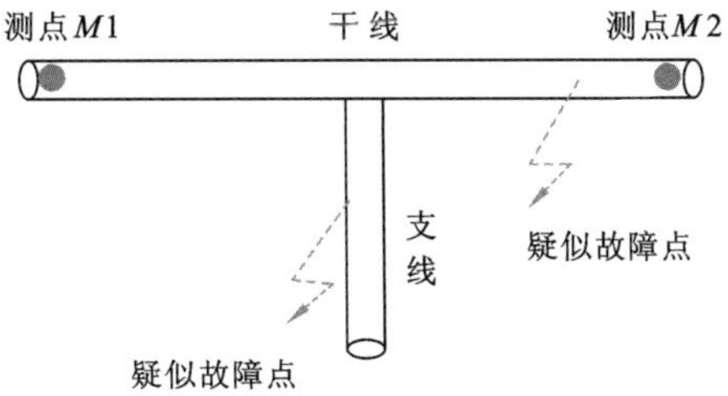

（a）疑似故障点位置

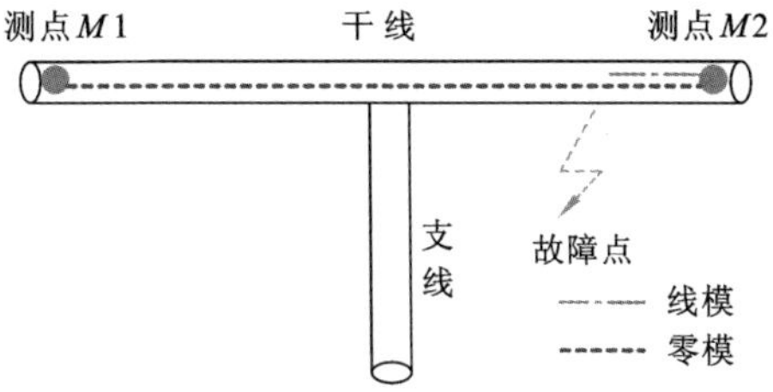

（b）故障点在主线上

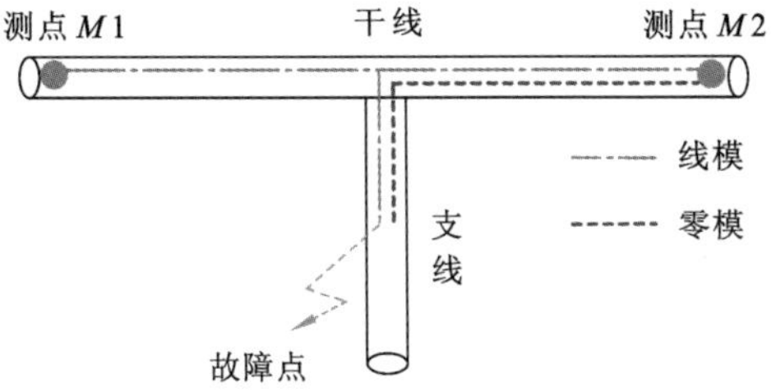

（c）故障点在分支线上

图 5-16　故障脉冲路线图

5.2.4 算例分析

在 PSCAD 平台上建立典型的 10 kV 配电网模型，如图 5-17 所示。在主干线路首端和末端安装量测装置。在线路首端 A 处向线路三相对称注入电压脉冲，幅值为 10 kV、10 kV 和 10 kV，脉冲的宽度是 4 μs，线路首端量测点采集反射回来的线模电压脉冲信号进行测距，线路末端的量测装置检测线模电压信号和零模电压信号到达时间进行故障分支的判断。录波数据的采样频率设置为 10 MHz。将线模信号开始时间与 AE 提取的线模首波故障特征组成特征序列，作为 BP 神经网络的输入。BP 神经网络采用 11-9-1 的结构，输入 11 个节点，隐藏层 9 个节点，输出 1 个节点（输出为故障距离）。

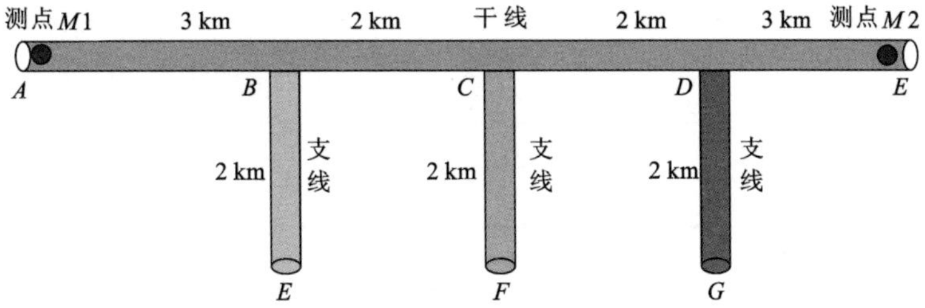

图 5-17　配电网模型拓扑结构图

1. 信号到达时间确定

注入三相脉冲信号后，从线路首端的量测点开始进行数据录波，录波的时间根据最长线路发生故障时的脉冲波返回时间来判断录波时间的长度，本书选择的录波时间的长度 2000 μs。根据前文所述的改进比值法检测采集到的反射线模脉冲信号的信号开始时间，为下一步提取首波脉冲信号做铺垫。不同故障距离下首端反射波反射的线模脉冲信号的开始时间如表 5-2 所示。

表 5-2　不同故障距离下首端反射波反射的线模脉冲信号的开始时间

故障距离/km	开始时间/μs
0.5	3.8
0.75	5.1
1.5	12.2
5	36.5
10	62.4

根据不同故障距离下的反射线模脉冲信号的开始时间可以判断：①故障距离小于 1 km 时，反射线模脉冲信号的信号开始时间在 4 μs 左右，故障距离短会使得测距误差大；②故障距离越远，故障的反射线模信号上升斜率越慢，检测信号开始时间与实际的到达时间的差距会增大。基于这两点原因，单纯依靠反射的信号到达时间的 C 型行波测距法，测距误差大。

2. 测距结果

BP 神经网络采用 11-9-1 的结构，输入 11 个节点，隐藏层 9 个节点，输出 1 个节点。以 Sigmoid 为激活函数，采用 LM 算法训练 BP 神经网络。测试数据和训练数据的具体信息如表 5-3 所示。共有 320 组训练数据和 60 组测试数据。

表 5-3　训练数据和测试数据分布

数据	故障距离/%	故障区段	故障类型	接地电阻/Ω	样本数目
训练数据	5、15、25、35、45、55、65、75、85、95	主干线 *AE*、分支线 *BF*、分支线 *CG*、分支线 *DH*	Ag、Bg	1、10、30、50	320
测试数据	10、20、50、60、80	主干线 *AE*、分支线 *BF*、分支线 *CG*、分支线 *DH*	Ag	5、15、40	60

根据 IEEE 标准，基于配电网主线全长的故障定位误差为

$$\mathrm{Error}(\%)=\frac{\left|L_{\mathrm{esti}}-L_{\mathrm{act}}\right|}{L_{MN}}\times 100 \tag{5-40}$$

式中，L_{esti} 为计算出的故障距离；L_{act} 为实际故障距离；L_{MN} 为线路 *MN* 的总长。

部分定位结果如表 5-4 所示，平均误差的均值为 1.21%，最大误差为 1.96%。测试结

果表明，基于 SAE 的配电网故障定位方法具有较好的定位效果。分支会影响反射波电压的幅值，但是数据经过归一化后，对测距结果和精度的影响有限。表 5-5 为部分故障距离和故障分支判断的测距结果，可以看出该方法可以准确地识别故障所在的分支，测距的精度也较高。

表 5-4　基于反射波脉冲特征提取的定位方法

故障区段	样本数目	平均误差/%	最大误差/%
AE	15	1.15	1.88
BF	15	1.12	1.79
CG	15	1.23	1.87
DH	15	1.34	1.96

表 5-5　部分分支线路不同故障距离下故障距离以及分支判定测距结果

故障区段	实际距离/km	测量距离/km	测点 *M*2 线模与零模信号开始时间的时间差/μs	是否在主干线上
主干线 *AE*	5	5.073	1.2	是
分支线 *BF*	5	5.118	13.8	否
分支线 *CG*	6	6.127	7.5	否
分支线 *DH*	8	8.145	8.3	否

3. 噪声的影响

在实际的电力系统中，测量装置检测到的信号往往受到噪声的污染。由于高斯白噪声能够反映实际通信信道中的噪声情况，为了测试算法对噪声的抗干扰能力，在样本中加入了不同信噪比的高斯白噪声。加入白噪声后，定位结果如表 5-6 所示。从表中可以看出，信噪比越低，定位误差越大。当信噪比达到 20 dB 时，最大误差达到 10.23%。当信噪比达到 40 dB 时，误差仍然很小。如果对噪声进行滤波，则该方法的性能必然随着噪声的滤波进行过程而提高。

表 5-6　基于反射波脉冲特征提取的定位方法在噪声情况下的测距结果

信噪比	平均误差/%	最大误差/%
60 dB	1.31	2.05
50 dB	1.38	2.21
40 dB	1.69	2.77
30 dB	2.87	5.42
20 dB	5.19	10.23

5.3 基于堆叠式自编码器的配电网故障测距方法

由于配电网观测点少，相位角信息缺乏，传统的配电网故障定位方法阻抗法存在误差。随着 μPMU 的应用，μPMU 提供的附加相量信息为准确定位故障提供了新的思路[60-62]。本章提出一种基于 μPMU 测量数据和堆栈自编码器的配电网故障定位方法。通过合理配置 μPMU，提供配电线路的多点测量信息，结合零序电流波形相似性确定故障区段。通过训练 SAE 学习 μPMU 的电压、电流幅值、相量信息和故障距离之间的关系，研究端对端的故障定位方案，实现故障点的精确定位。在 PSCAD 中建立仿真模型，测试 SAE 的定位效果。结果表明，该算法具有较高的故障定位精度，并且能承受过渡电阻、故障类型和噪声的影响。

5.3.1 配电线路故障特性分析

单相接地故障发生后，首先要找到故障区域。如图 5-18 所示，配电网单相接地故障的零序等效为在故障点增加一个零序故障分量 U_{0f}。在这个故障系统中，这样的元件 U_{0f} 提供零序电流 i_{0f}。在每个区域的两个边界处收集电测量值，如图 5-18（a）所示，图中量测点为 A、B 和 C。

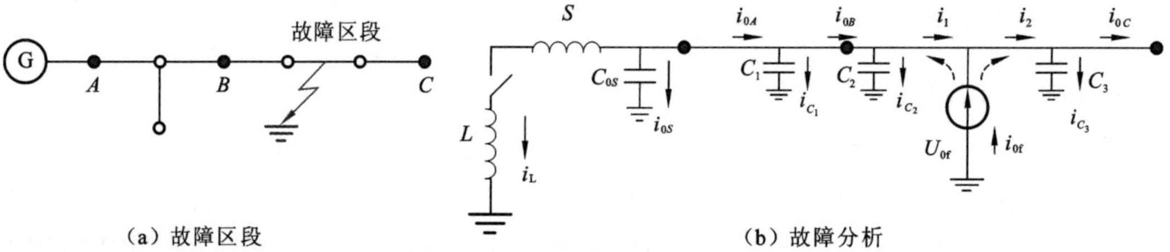

图 5-18 配电网零序电流故障图

在非故障区段 AB 段和故障区段 BC 段，电流关系可用式（5-41）和式（5-42）描述：

$$i_{0A} - i_{0B} = i_{C_1} \tag{5-41}$$

$$i_{0B} - i_{0C} = -i_{0f} + i_{C_2} + i_{C_3} \tag{5-42}$$

由于配电系统中的对地电容，如图 5-18（b）中的 C_1、C_2 和 C_3 很小，电容 i_{C_1} 中的电流应该很小，如果不包括故障分量，两个边界处的零序电流应该相似。但由于零序分量的存在，如图 5-18（b）中的 i_{0f}，故障带两侧的零序电流波形和极性不同。

一般来说，小电流接地网络的零序阻抗比直接接地网络的零序阻抗至少大 4 倍或 5 倍。因此，在图 5-18 中，变压器通过消弧线圈连接并接地，消弧线圈的等效电感设置为 0.45 H。

图 5-19 比较了安装在图 5-18（a）中节点 A、B 和 C 处的 μPMU 的零序电流，采样频率为 5 kHz。由于零序分量 U_{0f} 的存在，μPMU 在 A 点测得的零序电流 i_{0A} 与 μPMU 在 B 点测得的零序电流 i_{0B} 之间的相似度远高于 μPMU 在 C 点测得的零序电流 i_{0B} 与 i_{0C} 之间的相似度。因此，可以利用各分区零序电流的差异来寻找故障区。

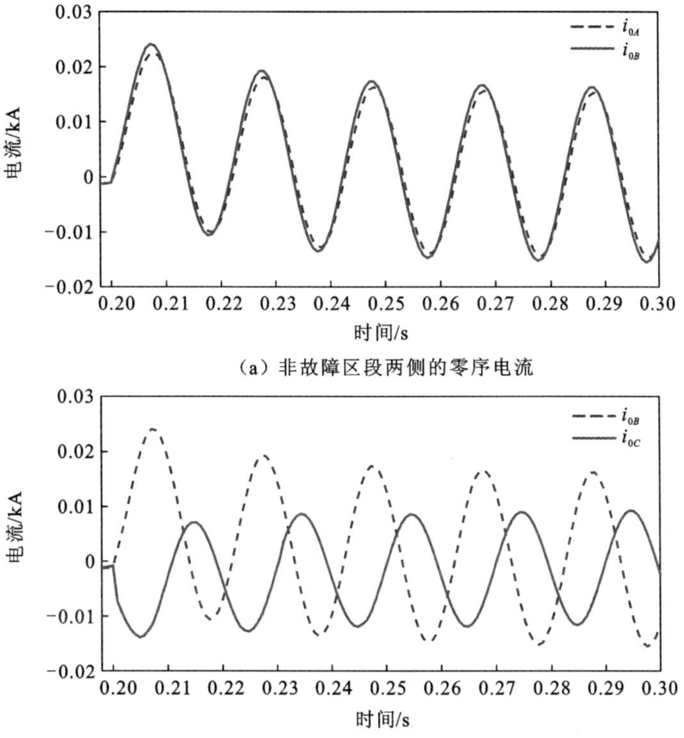

（b）故障区段两侧的零序电流

图 5-19　零序电流比较图

一旦确定了故障区段，寻找准确的故障位置是最重要的工作。图 5-20 展示了忽略电容对地影响时故障区的等效故障后电路。这里，V_M、V_N、I_M 和 I_N 是在故障区的两个边界处测量的 μPMU 的电压和电流。故障区段总长度为 L，单位阻抗为 Z_{MN}。电压 V_f 和电流 I_f 是故障点的电压和电流，R_f 表示接地电阻。μPMU 的测点 M 与故障点 f 的距离为 x。

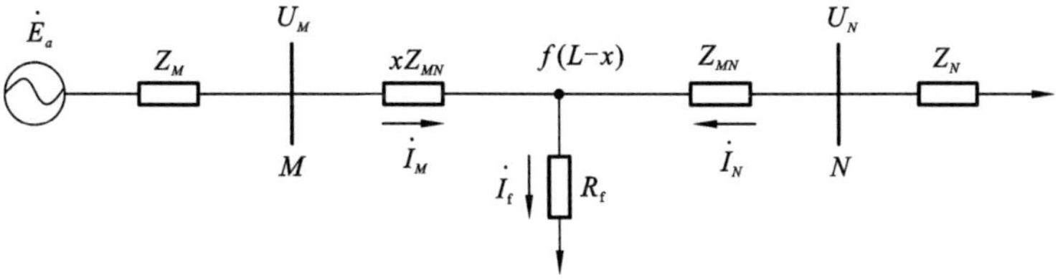

图 5-20　故障后等效电路图

根据等效电路，测点 M 处的电压和故障点 f 之间的电压存在一个关系，如式（5-43）所示：

$$\dot{V}_M = \dot{V}_f + Z_{MN} x \dot{I}_M = R_f \dot{I}_f + Z_{MN} x \dot{I}_M \tag{5-43}$$

相量图如图 5-21 所示，α 是 $\dot{I}_f$ 和 $\dot{I}_M$ 之间的相位角，β 是 $\dot{I}_M$ 和 $\dot{V}_M$ 之间的相位角，θ 是 $\dot{I}_f$ 和线电压降落 $Z_{MN}x\dot{I}_M$ 之间的相位角，γ 是 $\dot{V}_M$ 和线压降 $Z_{MN}x\dot{I}_M$ 之间的相位角。

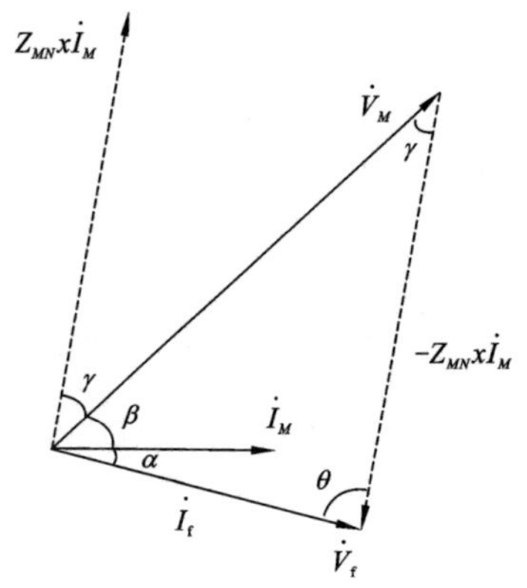

图 5-21 故障后相量图

三个电压相量构成一个三角形。根据正弦定律，可以得到式（5-44）所示的方程，故障距离可以写成式（5-45）。

$$\frac{|\dot{V}_M|}{\sin\theta} = \frac{|\dot{V}_M|}{\sin(\alpha+\beta+\gamma)} = \frac{|Z_{MN}\dot{I}_M|x}{\sin\theta} \tag{5-44}$$

$$x = \frac{|\dot{V}_M|\sin(\alpha+\beta)}{|\dot{I}_M Z_{MN}|\sin(\alpha+\beta+\gamma)} \tag{5-45}$$

当接地电阻 R_f 为零时，γ 为零，$\dot{V}_M$ 与 $\dot{I}_M$ 的相位差为 β，可以用 μPMU 测量。但随着 R_f 的增加，α 和 γ 也变化，其影响不容忽视。但由于接地电阻 R_f 和接地电压 $\dot{V}_f$ 未知，这两个角度很难测量。在一些传统方法中，α 被忽略并假定为 0°[63]。由于配电网负荷、故障位置和系统阻抗的变化，α 通常在 0～15° 变化[64]。角 γ 的值取决于 $\dot{V}_f$ 的模量，它可以是小于 60° 的锐角，因为 $\dot{V}_f$ 和 $Z_{MN}x\dot{I}_M$ 的模量都不能大于 $\dot{V}_M$。由于式（5-45）中 α 和 γ 两个角是未知的，因此很难计算 x 的值。

图 5-22 所示为基于 μPMU 测量的变化，包括电压、电流和相位角随故障距离 x 的变化。它们随故障距离的增加而变化。基于 μPMU 的测量波形变化仍然反映了故障距离 x 与相量 $\dot{I}_M$ 和 $\dot{V}_M$ 之间的映射关系，这可以用机器学习模型来学习。

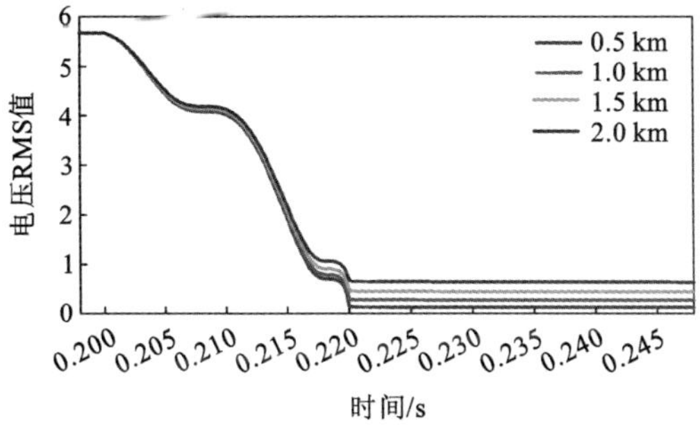

（a）电压测量值

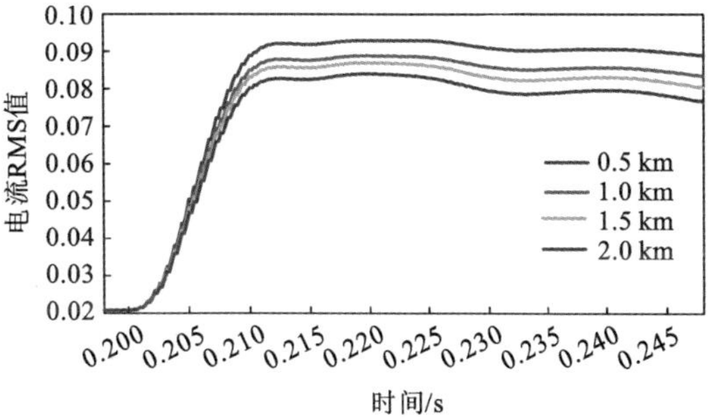

（b）电流测量值

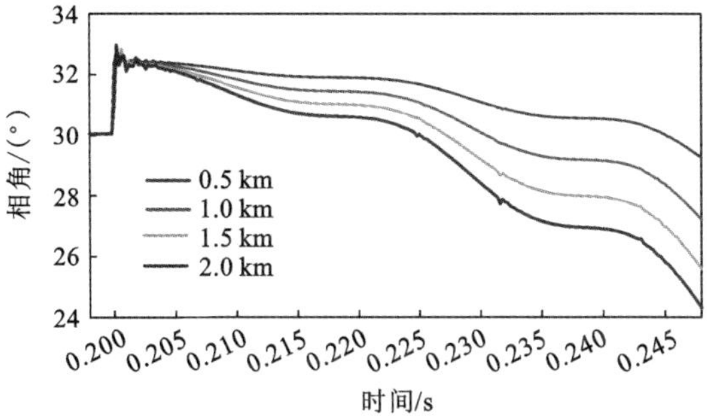

（c）相角测量值

图 5-22　电压电流相角测量值

5.3.2　基于堆叠式自编码器故障测距模型

自编码器是堆栈自编码器的基本单元，是一种无监督的学习方法，分为编码器和解码器两个部分。编码器是将高维数据压缩到低维数据，解码器是数据解压恢复成原始数据。

自编码器能够将高维的数据映射到低维的数据中，减少数据量，达到数据特征提取的效果。其主要思想是使用贪心学习算法，先使网络的每一层达到局部最优，再整体地训练整个网络，使其达到整体最优。这种方法改善了传统的深层网络难以被训练、容易陷入局部最优的问题。

自编码器是浅层神经网络的一种，先将高维数据压缩成低维数据，实现对数据的压缩；再利用解码器将低维数据还原成原始数据，复原数据与原始输入的差异可以衡量自编码器提取的特征好坏。编码器的输出就是自编码器对原始数据提取的特征。

自编码器由两个部分组成，包括编码器与解码器，如图 5-23 所示为自编码器结构图，输入为 x，隐藏层为 h，输出层输出 z。

自编码器实质是让输出数据尽可能近似输入数据，使重构误差最小化。当隐藏层节点数小于输入层节点数时，在尽量不损失原始信息的情况下，用维数更少的特征来表示输入数据。自编码器对数据压缩分为以下两步。

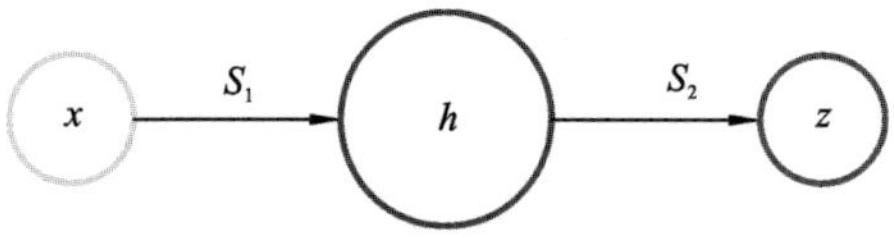

图 5-23　自编码器单元结构图

（1）输入数据 $x=[x^{(1)}\ \ x^{(2)}\ \ \cdots\ \ x^{(n)}]$ 经过编码器，将 x 映射到 h。映射关系如下：

$$h=f(x)=S_1(Wx+b) \tag{5-46}$$

式中，$h=[h^{(1)}\ \ h^{(2)}\ \ \cdots\ \ h^{(m)}]$ 为隐藏层对输入层的特征表达；n 为输入层维数；m 为隐藏层维数；W 为权重矩阵；b 为偏置向量；S_1 为激活函数。

h 的数据维度比输入数据 x 的维度小，实现对数据的压缩。激活函数 S_1 种类很多，比较常用的激活函数包括 Sigmoid、Tansig 和 ReLU。

（2）特征表达 h 经过解码器，将 h 映射到输出层。映射关系如下：

$$z=g(h)=S_2(W'x+b') \tag{5-47}$$

式中，$z=[z^{(1)}\ \ z^{(2)}\ \ \cdots\ \ z^{(n)}]$ 为重构向量；W'和 b'为权重矩阵和偏置向量，为了简单表示，W'取值为 W 的转置。

激活函数 S_1 和 S_2 可以是同种激活函数，也可以是不同的激活函数。要判断自编码器压缩数据，提取数据特征的好坏，就要看数据通过解码器之后重构的数据 z 与原始数据 x 的差异，差异小就说明压缩得好。通过调整网络参数，网络参数 θ 包括权重矩阵和偏置向量（W、b 和 W'、b'），使得重构误差 $L(x,\hat{x})$ 最小。训练过程如图 5-24 所示。

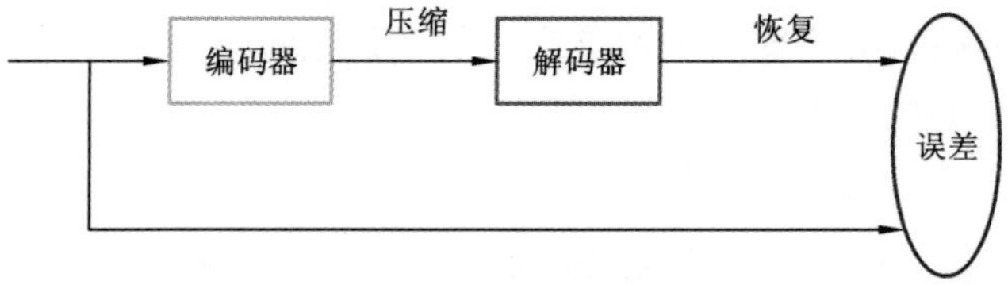

图 5-24　自编码器的训练图

自编码器是一个三层的神经网络，包括输入层、输出层和隐藏层。其结构图如图 5-25 所示。

利用自编码器来完成数据压缩的任务，主要分成如下两个步骤。

（1）对于所获取的样本数据，利用编码器对数据进行压缩，再利用解码器对数据进行恢复。解码器解压缩后的数据与输入数据足够近似，就是重构误差足够小，达到要求，说明输入数据已经被很好地压缩，特征已经被很好地提取，隐藏层 h 的输出就是提取出来的特征。

（2）如果数据的维度比较大，单用一个自编码器压缩特征效果不好。可以利用两个自编码器对数据进行压缩。将第一个自编码器的隐藏层作为第二个自编码器的输入层。

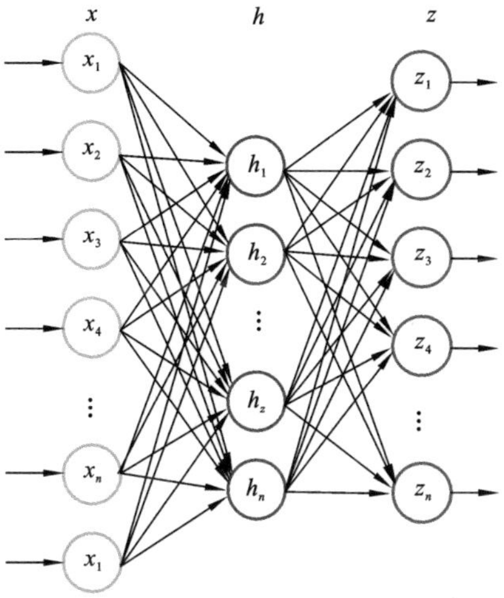

图 5-25　自编码器的结构图

x_n 表示输入节点；h_n 表示隐藏层的节点；z_n 表示输出层的节点

重复步骤（1）即可。训练自编码器的过程，就是输入数据被逐层压缩，逐层提取数据中的特征的过程。

SAE 是由多个自编码器（AE）叠加而成的包含多个隐含层的神经网络，其结构如图 5-26 所示。SAE 的训练步骤如下。

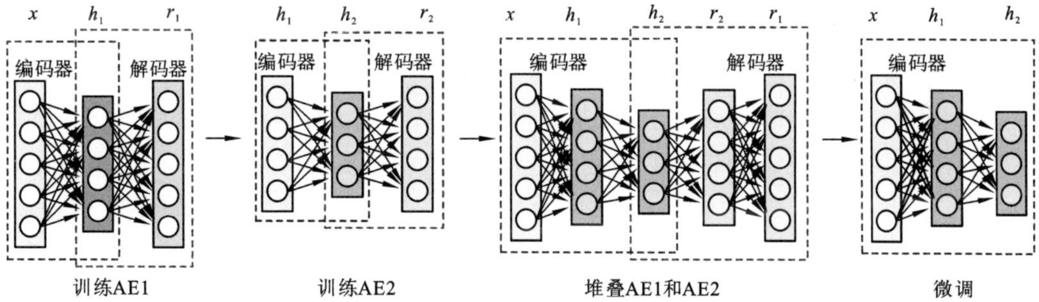

图 5-26　多层 SAE 的结构图

（1）利用高维故障样本集训练 AE1，通过编码器将故障样本集映射到隐藏层输出向量，通过解码器重构输入向量，实现最小重构误差，完成第一个 AE 的训练。

（2）保留该层的编码部分，用特征层的输出向量作为下一层的输入向量，按步骤（1）训练 AE2。重复步骤（1），通过单独训练，确保每个 AE 都能获得最优的网络参数θ。

（3）取出 SAE 的编码器部分，将编码层的最后一层与输出层连接起来，形成以故障距离为输出、逐层特征压缩的多层网络。

（4）微调整个网络。利用带标签的数据，采用反向传播算法更新整个网络的参数，实现全局最优，完成 SAE 的训练。

5.3.3 定位流程及参数分析

图 5-27 是本章所用方法的流程图。首先对 SAE 进行训练，利用已知的故障样本数据训练 SAE。故障发生后，根据 μPMU 的所有数据确定故障区段。最后，取出故障区段的数据并进行处理，使用 SAE 获得定位结果。

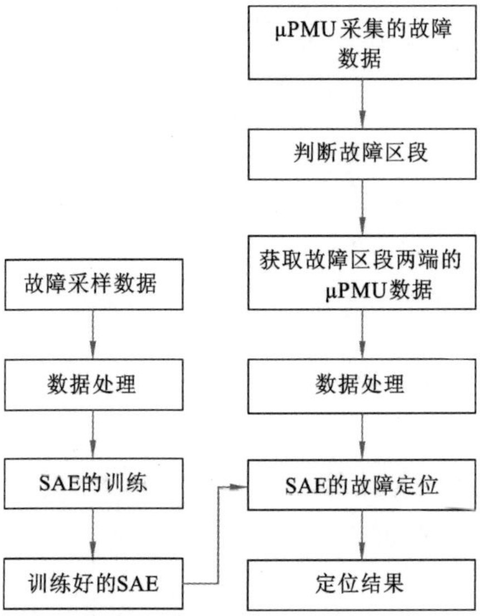

图 5-27 基于波形相似性和 SAE 的配电网故障定位方法流程图

基于 SAE 的配网故障定位方法包括两个主要部分：基于波形相似性的故障区段确定和基于 SAE 的故障测距。基于 SAE 故障测距步骤如图 5-28 所示。在两端均装有 μPMU 的配电网拓扑结构中，将故障区域切割成 T 形或“—”形。单端 μPMU 的测量值与距离有映射关系。利用双端 μPMU 测量的映射关系，可以减小接地电阻的影响。两个终端分别训练 SAE 以获得故障距离 L1 和 L2。考虑到定位误差，两端距离重叠区域的中点为故障点。

1. 故障区段划分和判定

当配电网发生故障时，要先找到故障区段。因此，划分故障区段带并分配 μPMU 这点至关重要。首先，由于配电网中的配置经济性高，电网通信带宽有限，所有节点均配置 μPMU 是不现实的；其次，所有节点都配置 μPMU 实现信号的实时在线同步传输，信号量大，计算机处理困难。因此，需要选择合适的配置方案，只有配置较少 μPMU 时才能找到相应的故障区段。

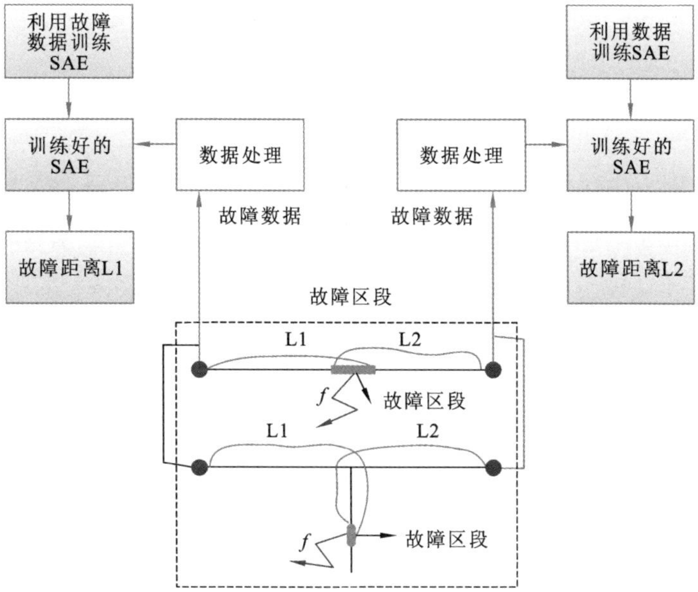

图 5-28　故障测距流程图

先是在整个配电网中进行故障分区。为了防止配置的 μPMU 过多、故障范围大、故障数据冗余，除保证故障定位准确外，故障区域划分应覆盖最小的 μPMU。μPMU 的分配和分区应基于下述原则。

（1）故障区段 I，如图 5-29（a）所示。它由多个节点组成，节点之间有分支。只在第一个节点和最后一个节点上安装 μPMU，满足上述约束条件。

（2）故障区段 II，如图 5-29（b）所示。它由多个节点组成，形成 T 型布线。在干线上，第一个节点和最后一个节点安装 μPMU，中间节点和分支不安装 μPMU，满足上述约束条件。

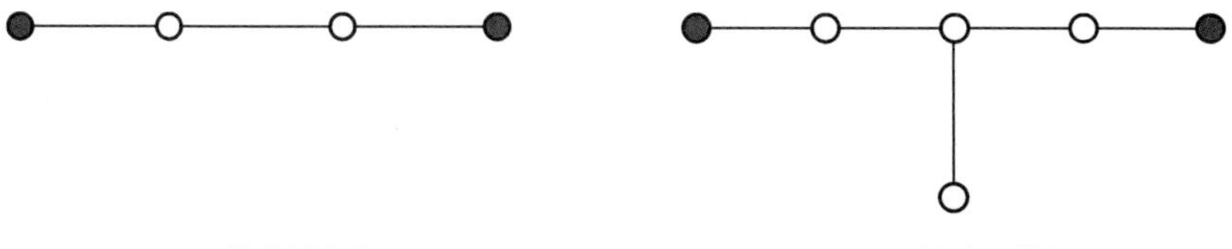

（a）故障区段 I　　（b）故障区段 II

图 5-29　故障区段的划分

依据故障区段两侧的零序电流波形不相似，故障区段上游的区段两端的零序电流波形相似，在计算相关系数的基础上，给出了各测点零序电流之间的相关关系。对于长度为 n 的两个严格对齐的序列 x 和 y，其相关性可用皮尔逊（Pearson）相关系数 $C(x,y)$ 表示，其计算公式为

$$C(x,y)=\frac{\sum_{i=1}^{n}(x_i-\overline{x})(y_i-\overline{y})}{\sqrt{\sum_{i=1}^{n}(x_i-\overline{x})^2\sum_{i=1}^{n}(y_i-\overline{y})^2}} \tag{5-48}$$

式中，x_i和y_i分别为序列x和y中的第i元素；$\overline{x}$和$\overline{y}$为序列x和y的平均值；相关系数$C|(x,y)|$为两个波形之间的相似性。该系数的值介于-1.0～1.0。如果接近0，则表示无相关性；如果接近1或-1，则表示强相关性。

根据故障区段两侧测点零序电流波形的相关性，确定故障区段。首先，比较出口第一段线路两端两个测点的波形相似性，如果$C|(x,y)|>\theta$表示区域两侧的暂态零序电流波形相似，继续比较下一个区两端测点波形的相似性；如果$C|(x,y)|<\theta$确定为故障区。如果$C|(x,y)|>\theta$继续比较下一个区段两端的零序电流，直到找到满意的第一个故障区。

2. 数据处理

为了减小样本偏差，消除初始状态的影响，对故障段两端采集的数据进行预处理。根据工程应用和μPMU的采样频率[65]，本书将采样频率设计为5 kHz，数据窗长度设计为0.05 s。确定MN区段为故障段后，取M和N的电压V、电流I数据。M端采集的数据为$\dot{V}_1$、$\dot{I}_1$，N端采集的数据为$\dot{V}_2$、$\dot{I}_2$。不同的故障类型，V和I的值如表5-7所示。

表5-7 电压电流值

故障类型		电压值 V	电流值 I
单相接地故障	Ag（A相接地）	V_A	I_A
	Bg（B相接地）	V_B	I_B
	Cg（C相接地）	V_C	I_C

故障数据包括电压电流的幅值和相角，幅值和相角的量纲与取值范围不同。本书采用将幅值和相角转化为实部和虚部的形式，在保留信息完整的基础上，实现量纲的统一。电压为V，电流为I，相角为θ，转换式为

$$\begin{cases}V^r=V\cos\theta,\ \ I^r=I\cos\theta\\ V^i=V\sin\theta,\ \ I^i=I\sin\theta\end{cases} \tag{5-49}$$

为了消除初始状态的影响，将每个时刻的采样值都减去初始时刻的值，如式（5-50）所示，其中V_0^r、V_0^i、I_0^r、I_0^i为初始时刻的向量。

$$\begin{cases}V_t^r=V_t^r-V_0^r,\ I_t^r=I_t^r-I_0^r\\ V_t^i=V_t^i-V_0^i,\ I_t^i=I_t^i-I_0^i\end{cases} \tag{5-50}$$

将V_t^r,I_t^r进行归一化，通过归一化，故障定位的结果取决于波形的变化率而不是振幅。

这里采用最值函数（max/min）规范化。所有输入信号都是标准化的，值的范围压缩在[0, 1]。归一化计算公式为

$$z = \frac{x_i - \min(x_i)}{\max(x_i) - \min(x_i)} \tag{5-51}$$

式中，$\max(x_i)$和$\min(x_i)$为归一化后的最大值和最小值；x_i为原始数值；z为归一化后的值。

将处理后的数据进行整合，形成高维故障样本矩阵，以 A 相接地故障为例，式（5-52）和式（5-53）为电压电流的特征序列，式（5-54）为电压和电流构造的高维故障样本序列。

$$\hat{V}_{\mathrm{A}} = [V_{\mathrm{A}}^{r}(1), V_{\mathrm{A}}^{r}(2), \cdots, V_{\mathrm{A}}^{r}(T), V_{\mathrm{A}}^{i}(1), V_{\mathrm{A}}^{i}(2), \cdots, V_{\mathrm{A}}^{i}(T)] \tag{5-52}$$

$$\hat{I}_{\mathrm{A}} = [I_{\mathrm{A}}^{r}(1), I_{\mathrm{A}}^{r}(2), \cdots, I_{\mathrm{A}}^{r}(T), I_{\mathrm{A}}^{i}(1), I_{\mathrm{A}}^{i}(2), \cdots, I_{\mathrm{A}}^{i}(T)] \tag{5-53}$$

$$g = [\hat{V}_{\mathrm{A}}, \hat{I}_{\mathrm{A}}] \tag{5-54}$$

图 5-30 显示了不同故障距离下电压和电流预处理的特征序列，以及高维故障样本 g 的归一化序列。从图 5-30 可以看出，当故障距离改变时，电压和电流序列也会改变。通过建立具有相角信息的电压电流矢量与故障距离之间的非线性映射模型，求解故障距离。

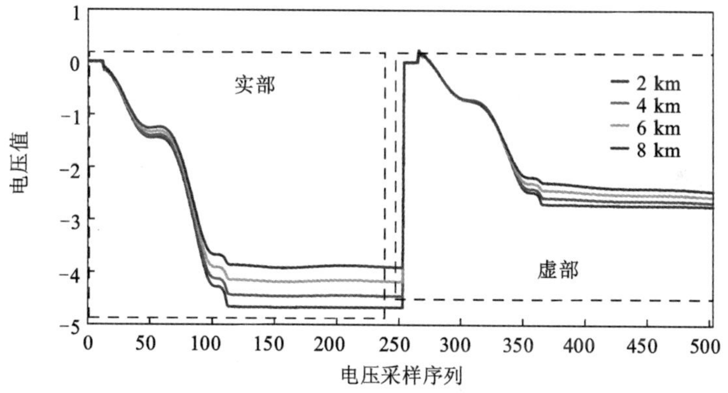

（a）电压序列图

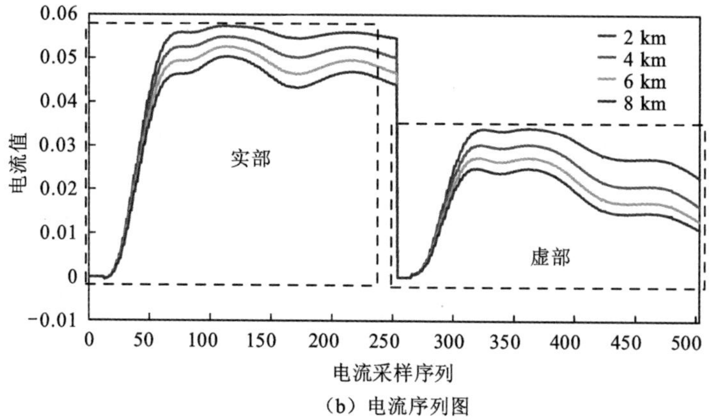

（b）电流序列图

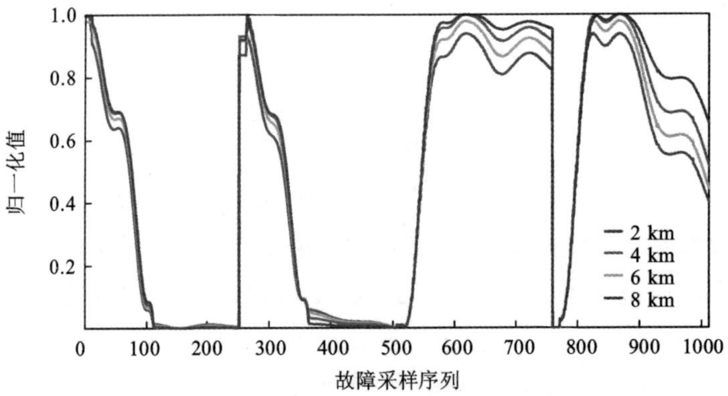

（c）归一化后故障样本序列

图 5-30 数据处理

3. AE 的训练与网络参数选择

训练误差是衡量训练网络性能的一个常用指标。训练误差如式（5-55）所示：

$$E_{\text{error}}=\frac{1}{N}\sum_{i=1}^{N}|p_i-t_i| \tag{5-55}$$

式中，N 为训练样本数；p_i 为第 i 个输入网络计算的预测故障距离；t_i 为第 i 个样本的实际故障距离。

下面对影响模型性能的因素（包括网络结构和网络函数）进行详细的讨论和选择。

网络结构的主要关注点是网络的深度和每一层的宽度。深层网络提取故障特征的能力优于浅层网络提取故障特征的能力。隐藏层中的单元较少，很容易泛化到测试集。然而，在一个层数很多的网络中训练和泛化是相当困难的。

1）隐藏层数目选择

本章的输入层单元数为 1000。输出为故障距离，输出层单元数为 1。由于 SAE 的权值和偏差是随机初始化的，因此对每个网络结构进行 5 次测试，取平均值。

该方法选择了 5 种网络结构。根据 SAE 的数据是逐层压缩的特点，网络结构按照隐层数的逐渐增加，维数逐渐减少设置，训练时间和训练误差见表 5-8。从表 5-8 可以看出，SAE 的训练时间随着层数的增加而增加。当网络层数从 3 层增加到 4 层时，训练误差减小。随着网络层数的不断增加，训练误差也增大。这表明，当计算能力与任务的复杂性和训练数据量相匹配时，SAE 网络的性能最好。最后，为了平衡训练时间和训练误差，采用两层隐藏的 SAE 算法。

表 5-8　不同网络结构下网络的训练时间和训练误差

网络结构	训练时间/s	训练误差
1000-500-1	192.52	0.0873
1000-500-200-1	242.20	0.0624
1000-500-200-100-1	296.65	0.7366
1000-500-200-100-50-1	351.62	1.7888

2）隐藏层节点数选择

在确定网络的层数之后，还需要确定隐藏层的大小，包括第二层的节点数 S2 和第三层的节点数 S3。目前，如何选择深层网络隐藏层中的节点数主要取决于经验，没有一个通用的方法选择最优的隐藏层节点数[66]。SAE 的特征提取是逐层压缩的，因此前一层隐藏层的节点数要多于后一层的隐藏层节点数。本书利用神经元遍历路径求出隐藏层节点的最优数目。在上游侧的不同隐藏层节点数下的训练误差分布如图 5-31 所示。

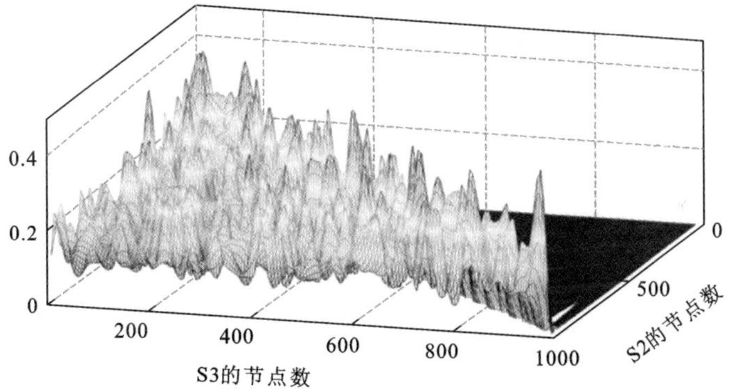

图 5-31　不同隐藏层节点数下的误差分布图

根据训练误差，最终确定 S2＝435，S3＝145。类似地，下游侧 SAE2 选择为 S2＝485 和 S3＝165。

3）激活函数的选择

激活函数将神经元的输入映射到输出。非线性的激活函数增强了网络的表达能力，使得网络的输出不再是输入的线性组合。网络几乎可以逼近任何函数。由于无法预测哪种激活函数工作良好，为了选择合适的激活函数，在忽略网络结构的情况下，讨论 Sigmoid 激活函数、Tanh 激活函数和 ReLU 激活函数的训练误差下降率。

Sigmoid 激活函数的表达式如式（5-56）所示，函数取值在[0, 1]。当 z 取一个很大的正数时，会饱和到一个高值；当 z 取值很小时，会饱和到一个低值。只有当 z 接近于

0 时，才对输入敏感。Sigmoid 激活函数的广泛饱和会使基于梯度的学习变得非常困难。

$$f(z)=\frac{1}{1+\mathrm{e}^{-z}} \tag{5-56}$$

Tanh 激活函数的表达式如式（5-57）所示，函数取值在[0, 1]。该函数的导数比较大，在反向传播算法中，虽然梯度更新比较快，但是梯度消失问题依旧存在。

$$f(z)=\frac{1-\mathrm{e}^{-2z}}{1+\mathrm{e}^{-2z}} \tag{5-57}$$

ReLU 激活函数的表达式如式（5-58）所示。ReLU 激活函数的导数大，梯度大且一致。缺点是不能利用基于梯度的算法激活那些为零的样本。神经网络的训练算法不会达到代价函数的局部极小值，只是显著地减小代价函数的值。

$$\tilde{y}=f(x_e,\theta) \tag{5-58}$$

图 5-32 显示了不同激活函数下的训练误差减少曲线。从图中可以看出，在三个激活函数中，Sigmoid 激活函数表现最好，误差减小最快，训练误差最小。Tanh 激活函数和 ReLU 激活函数功能明显慢于 Sigmoid 激活函数。因此，本书采用 Sigmoid 作为激活函数。

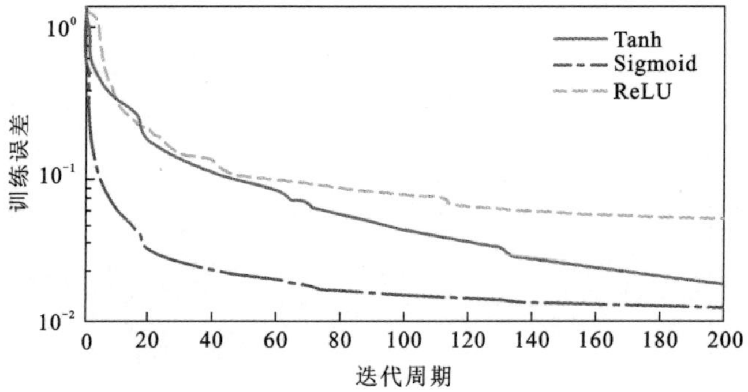

图 5-32 不同激活函数下的训练误差随迭代周期变化图

4）选择代价函数

代价函数 $J(\theta)$是衡量模型预测出来的值和真实值之间的差异。训练模型的过程就是优化代价函数的过程。常用的代价函数包括以下几种。

（1）均方误差。均方误差代价函数如式（5-59）所示：

$$J(\theta)=\frac{1}{n}\sum_{i=1}^{n}\| y_x-f(x;\theta)\|^2 \tag{5-59}$$

式中，$f(x;\theta)$ 为网络预测值；y 为实际值；x 为输入；θ 为网络参数值；n 为样本数；$\|\cdot\|^2$ 为二范数。

（2）交叉熵。网络参数模型定义了一个分布，利用最大似然定理，将训练数据和模型预测间的交叉熵作为代价函数。此时代价函数表示为

$$J(\theta) = -\sum_{i=1}^{n} p(y|x)\log p_{\mathrm{model}}(y|x) \tag{5-60}$$

式中，$p_{\mathrm{model}}(y|x)$ 为输入为标签 y 的概率。

当其他参数不变且只改变了代价函数时，可以得出网络性能受代价函数的影响。不同代价函数下的训练误差见表 5-9。从表中可以看出，与均方误差作为代价函数相比，交叉熵作为代价函数的网络性能更好。因此，在后续的研究中，交叉熵被用作代价函数。

表 5-9　不同代价函数下的训练误差

	交叉熵	均方误差
训练误差	0.05197	0.05526

5）选择正则化函数

为了防止过拟合，应提高网络的泛化能力。采用 L^2 正则化方法防止过拟合，就是在代价函数后面直接加上一个正则化项，如式（5-61）所示：

$$J = J_0 + \frac{\lambda}{2n}\sum_{\omega}\omega^2 \tag{5-61}$$

式中，J_0 为原来的代价函数；λ为正则项系数；n 为样本数；ω 为网络参数。图 5-33 所示为正则项系数与训练误差的关系。最后，选择正则项系数λ为 0.007。

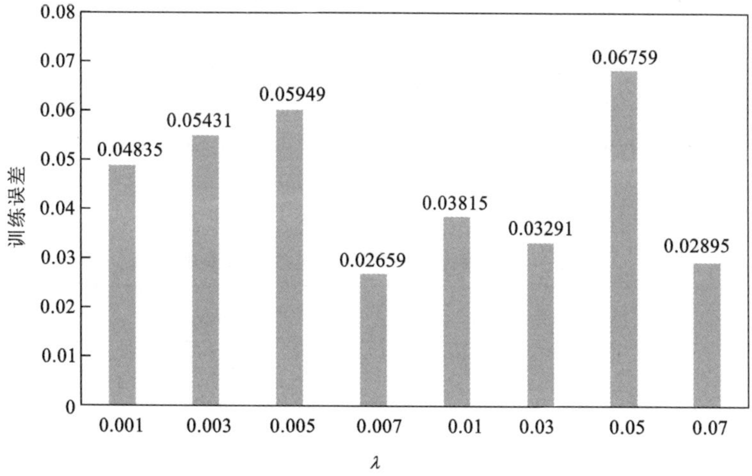

图 5-33　正则项系数λ与训练误差的关系

5.3.4　算例分析

在 PSCAD 平台上建立典型的 10 kV 配电网模型，如图 5-34 所示。在配电网负荷重要性相似的前提下，根据网络综合覆盖的要求和尽量平均测量间隔的原则，将配电网划分为 6 个区段。模拟 μPMU 的测量点 $M1$～$M7$ 分布在 6 个区段上。供电电压为 38.5 kV，降压变压器额定电压为 35 kV/10.5 kV。线路采用 Bergeron 模型，在区段 1～区段 6 设置 F1～F6 故障。故障类型为单相接地故障。然后对 $M1$～$M7$ 测点的 μPMU 采集到的数据进行分析。

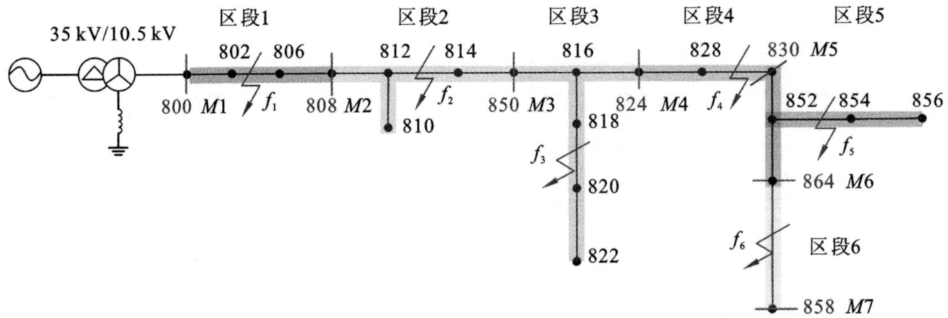

图 5-34 仿真系统模型

1. 故障区段判断

如图 5-34 所示，在区段 1～区段 6 设置故障 F1～F6，故障类型为单相接地故障。对测点 $M1$～$M7$ 检测点的零序电流进行录波，保存时间窗为 0.198～0.248 s 的数据。从线路出口处出发，依次比较线路两端两测点波形相似性，若 $|C(x,y)|>\theta$，则判定为非故障区段，若 $|C(x,y)|<\theta$，则判定为故障区段。本书 θ 的值选取为 0.75。

表 5-10 所示为不同区段故障时，各个区段的零序电流波形特征。从表中可以看出，故障区段两侧零序电流波形不相似，故障区段上游的零序电流波形相似。本书所采用的基于零序电流波形相似性判断故障区段的方法是可行的。

表 5-10 故障区段与零序电流相似系数

故障区段	区段 1	区段 2	区段 3	区段 4	区段 5	区段 6
$C(M1, M2)$	0.104	0.914	0.927	0.924	0.971	0.924
$C(M2, M3)$	/	0.074	0.968	0.959	0.983	0.972
$C(M3, M4)$	/	/	0.106	0.986	0.954	0.968
$C(M4, M5)$	/	/	/	0.077	0.963	0.974
$C(M5, M6)$	/	/	/	/	0.145	0.978
$C(M6, M7)$	/	/	/	/	/	0.112

2. 故障测距仿真结果

本书需要训练两个 SAE 网络，其中，SAE1 计算故障区段中故障点到上游测点的距离 L1，SAE2 计算故障区段中故障点到下游测点的距离 L2，L1 和 L2 的重合区域为故障区域，将 L1+L2 与故障区段长度的差值作为预测的故障点。

SAE1 的网络架构为 1000-435-145-1，SAE2 的网络架构为 1000-485-165-1。采用 Sigmoid 作为激活函数，交叉熵为代价函数。训练数据和测试数据的具体信息如表 5-11 所示，训练数据有 480 组，测试数据有 90 组。

表 5-11　训练数据和测试数据

样本	故障距离/%	故障类型	接地电阻/Ω	故障区段	合计
训练样本	5，15，25，35，45，55，65，75，85，95	Ag、Bg	1、10、30、50	区段 1～区段 6	480
测试样本	10，20，50，60，80	Ag	5、15、40	区段 1～区段 6	90

定位结果如表 5-12 所示，从表中可以看出，最大的平均误差为 1.40%，最大的最大误差为 2.43%。测试结果表明基于 SAE 的配电网故障定位方法具有较好的测距结果。

表 5-12　基于 SAE 的测距结果

故障区段	样本数	平均误差/%	最大误差/%
1	15	1.31	2.27
2	15	1.39	2.31
3	15	1.23	2.24
4	15	1.40	2.38
5	15	1.19	2.17
6	15	1.36	2.43

3. 噪声的影响

在实际的电力系统中，测量装置检测到的信号经常会被噪声污染。各种的噪声源，如大功率用电设备的开启与断开、雷击闪电等都会使空间电场和磁场产生变化。由于高斯白噪声能够反映实际通信信道中的噪声情况，为了测试该算法对于噪声的抗干扰性，在样本中加入不同信噪比的高斯白噪声。

加入高斯白噪声后，SAE 的测距结果如表 5-13 所示。从表中可以看出，信噪比越低，测距误差越大。当信噪比达到 20 dB 时，最大误差达到 9.17%。信噪比达到 40 dB 时，最大误差为 2.64%。如果将噪声进行过滤，误差结果会有所减小，则该方法的性能理应会有所提高。SAE 的测距方法在存在噪声的环境下，测距结果仍然较好。

表 5-13 噪声下的测距结果

信噪比	平均误差/%	最大误差/%
60 dB	1.34	2.25
50 dB	1.38	2.33
40 dB	1.69	2.64
30 dB	2.40	4.38
20 dB	5.19	9.17

5.4 本 章 小 结

配电网直接连接输电网与用户，是电力系统的关键一环，其安全稳定和可靠是人民生产生活正常进行的必要保证。配电网的故障发生概率很高，其中单极接地故障又是配电网中最常见的故障。提高配电网定位精度以及定位的可靠性，有助于检修人员进行快速检修，快速恢复供电，因此快速精确的配电网故障定位技术就显得至关重要。本书围绕配电网的单极接地故障的故障定位问题，从人为提取故障特征到深度学习提取故障特征，提出了将深度学习技术应用到配电网故障定位的新方法，经过仿真验证了所提出方法的有效性。本章的主要工作内容如下。

（1）提出了基于信号注入法和神经网络的故障定位方法。通过向线路注入三相相同的高压脉冲信号，分析其反射脉冲信号的产生及传播，得出注入端检测的首个线模脉冲信号即为故障点的反射脉冲信号的结论。针对首端检测到的首波脉冲，提取线模脉冲的到达时间，利用无监督学习方法提取首波脉冲波形特征，并将两者相结合构建故障特征序列，利用 BP 神经网络学习故障特征与故障距离之间的非线性复杂的关系，达到故障定位的效果。

（2）提出了一种基于 μPMU 测量数据和堆栈自编码器（SAE）的配电网故障定位方法。通过合理配置 μPMU，提供配网线路多点量测信息，并结合零序波形的相似性，找出故障区域。然后，通过训练 SAE 学习电压电流相位矢量与故障距离之间的关系，实现故障定位。

参 考 文 献

[1] 陈维江, 靳晓凌, 吴铭, 等. 双碳目标下我国配电网形态快速演进的思考[J]. 中国电机工程学报, 2024, 44(17): 6811-6818.

[2] 马钊, 张恒旭, 赵浩然, 等. 双碳目标下配用电系统的新使命和新挑战[J]. 中国电机工程学报, 2022, 42(19): 6931-6945.

[3] 中共中央关于制定国民经济和社会发展第十四个五年规划和二〇三五年远景目标的建议[EB/OL]. (2020/11/03)[2024.11.5]. http: //www. gov. cn/zhengce/2020-11/03/content_5556991. htm.

[4] 谭显东, 刘俊, 徐志成, 等. “双碳”目标下“十四五”电力供需形势[J]. 中国电力, 2021, 54(5): 1-6.

[5] 国家能源局关于印发《电力安全生产“十四五”行动计划》的通知[EB/OL]. (2021/12/08)[2024.11.28]. http:// zfxxgk. nea. gov. cn/2021-12/08/c_1310442211. htm.

[6] 韩肖清, 李廷钧, 张东霞, 等. 双碳目标下的新型电力系统规划新问题及关键技术[J]. 高电压技术, 2021, 47(9): 3036-3046.

[7] 董旭柱, 华祝虎, 尚磊, 等. 新型配电系统形态特征与技术展望[J]. 高电压技术, 2021, 47(9): 3021-3035.

[8] 国家能源局关于印发配电网建设改造行动计划(2015—2020 年)的通知[EB/OL]. (2016/08/15)[2024.12.20]. http:// www. gov. cn/xinwen/2016-08/15/content_5099597. htm.

[9] 张姝. 配电网弱故障接地保护与定位方法研究[D]. 成都: 西南交通大学, 2018.

[10] Ghaderi A, Ginn H L, Ali Mohammadpour H. High impedance fault detection: A review[J]. Electric Power Systems Research, 2017, 143: 376-388.

[11] 韦明杰, 张恒旭, 石访, 等. 基于谐波能量和波形畸变的配电网弧光接地故障辨识[J]. 电力系统自动化, 2019, 43(16): 148-154.

[12] 王宾, 崔鑫, 董新洲. 配电线路弧光高阻故障检测技术综述[J]. 中国电机工程学报, 2020, 40(1): 96-107,377.

[13] 耿建昭, 王宾, 董新洲, 等. 中性点有效接地配电网高阻接地故障特征分析及检测[J]. 电力系统自动化, 2013, 37(16): 85-91.

[14] 侯义明. 《配电网技术导则》修订背景和编制原则[J]. 供用电, 2017, 34(1): 28-31, 50.

[15] 国家电网有限公司. 配电网规划设计技术导则: Q/GDW 10738—2020[S]. 北京: 中国电力出版社, 2020.

[16] 李鹏, 习伟, 蔡田田, 等. 数字电网的理念、架构与关键技术[J]. 中国电机工程学报, 2022, 42(14): 5002-5017.

[17] 周峰, 周晖, 刁赢龙. 泛在电力物联网智能感知关键技术发展思路[J]. 中国电机工程学报, 2020,

40(1): 70-82, 375.

[18] 孙浩洋, 张冀川, 王鹏, 等. 面向配电物联网的边缘计算技术[J]. 电网技术, 2019, 43(12): 4314-4321.

[19] 杨挺, 翟峰, 赵英杰, 等. 泛在电力物联网释义与研究展望[J]. 电力系统自动化, 2019, 43(13): 9-20, 53.

[20] 王毅, 陈启鑫, 张宁, 等. 5G 通信与泛在电力物联网的融合: 应用分析与研究展望[J]. 电网技术, 2019, 43(5): 1575-1585.

[21] 徐恩庆, 董恩然. 云计算与边缘计算协同发展的探索与实践[J]. 通信世界, 2019(9): 46-47.

[22] 徐丙垠, 李天友, 薛永端. 配电网继电保护与自动化[M]. 北京: 中国电力出版社, 2017.

[23] 朱涛. 基于 SCADA 系统的小电流接地故障选线方法研究[J]. 电力系统保护与控制, 2019, 47(13): 141-147.

[24] 梁睿, 辛健, 王崇林, 等. 应用改进型有功分量法的小电流接地选线[J]. 高电压技术, 2010, 36(2): 375-379.

[25] 赵磊. 基于模糊神经网络的配电网故障选线方法研究[D]. 淄博: 山东理工大学, 2016.

[26] 薛永端, 高旭, 苏永智, 等. 小电流接地故障谐波分析及其对谐波选线的影响[J]. 电力系统自动化, 2011, 35(6): 60-64.

[27] 张林利, 张毅, 薛永端, 等. 考虑系统不对称的小电流接地故障相识别[J]. 电力自动化设备, 2019, 39(4): 24-29.

[28] Wang W, Gao X, Fan B S, et al. Faulty phase detection method under single-line-to-ground fault considering distributed parameters asymmetry and line impedance in distribution networks[J]. IEEE Transactions on Power Delivery, 2022, 37(3): 1513-1522.

[29] 韦莉珊, 贾文超, 焦彦军. 基于导纳不对称原理的小电流接地系统选线方案[J]. 电力自动化设备, 2020, 40(3): 162-167.

[30] 陆国庆, 张瑞红, 刘味果, 等. 小扰动法与并联电阻法选线方式的比较分析[J]. 电力设备, 2007(8): 24-27.

[31] Liu K L, Zhang S, Li B R, et al. Flexible grounding system for single-phase to ground faults in distribution networks: A systematic review of developments[J]. IEEE Transactions on Power Delivery, 2022, 37(3): 1640-1649.

[32] 刘斯琪, 喻锟, 曾祥君, 等. 基于零序电流幅值连调的小电流接地系统故障区段定位方法[J]. 电力系统保护与控制, 2021, 49(9): 48-56.

[33] Niu L, Wu G Q, Xu Z S. Single-phase fault line selection in distribution network based on signal injection method[J]. IEEE Access, 2021,9: 21567-21578.

[34] 胡佐, 李欣然, 石吉银. 基于残流与首半波综合的接地选线方法研究[J]. 继电器, 2006, 34(7): 6-9, 37.

[35] 赵洁. 基于改进 BP 神经网络的小电流接地故障选线研究[D]. 徐州: 中国矿业大学, 2021.

[36] 肖舒严. 基于零序电流频域特征的配网单相接地故障选线与测距方法[D]. 重庆: 重庆大学, 2019.
[37] 宋伊宁, 李天友, 薛永端, 等. 基于配电自动化系统的分布式小电流接地故障定位方法[J]. 电力自动化设备, 2018, 38(4): 102-109.
[38] Barik M A, Gargoom A, Mahmud M A, et al. A decentralized fault detection technique for detecting single phase to ground faults in power distribution systems with resonant grounding[J]. IEEE Transactions on Power Delivery, 2018, 33(5): 2462-2473.
[39] 王雪文, 石访, 张恒旭, 等. 基于暂态能量的小电流接地系统单相接地故障区段定位方法[J]. 电网技术, 2019, 43(3): 818-825.
[40] 王雪文. 基于多端同步波形的配电网小电流接地故障区段定位技术[D]. 济南: 山东大学, 2020.
[41] 宗伟林, 杨丽丽, 李龙洋, 等. 多时态的三相相地增量电流矢量关系特征及选线应用[J]. 电网技术, 2019, 43(4): 1396-1404.
[42] 赖平, 周想凌, 邱丹. 小电流接地系统暂态电流频率特性分析及故障选线方法研究[J]. 电力系统保护与控制, 2015, 43(4): 51-57.
[43] 马士聪, 徐丙垠, 高厚磊, 等. 检测暂态零模电流相关性的小电流接地故障定位方法[J]. 电力系统自动化, 2008, 32(7): 48-52.
[44] 张乃刚, 张加胜, 郑长明, 等. 基于零序电流幅值分布相似性的小电流接地故障定位方法[J]. 电力系统保护与控制, 2018, 46(13): 120-125.
[45] Wei X X, Wang X W, Gao J, et al. Faulty feeder detection for single-phase-to-ground fault in distribution networks based on transient energy and cosine similarity[J]. IEEE Transactions on Power Delivery, 2022, 37(5): 3968-3979.
[46] 刘柱揆, 曹敏, 董涛. 基于波形相似度的小电流接地故障选线[J]. 电力系统保护与控制, 2017, 45(21): 89-95.
[47] 冯光, 管廷龙, 王磊, 等. 利用电流-电压导数线性度关系的小电流接地系统接地故障选线[J]. 电网技术, 2021, 45(1): 302-311.
[48] 刘伟生, 徐丙垠, 刘远龙, 等. 基于暂态电流的小电流接地故障分界方法[J]. 电力系统自动化, 2018, 42(24): 157-162, 202.
[49] 姜博, 董新洲, 施慎行. 基于单相电流行波的配电线路单相接地故障选线方法[J]. 中国电机工程学报, 2014, 34(34): 6216-6227.
[50] 王雪菲. 小电流接地系统行波故障选线技术研究[D]. 淄博: 山东理工大学, 2021.
[51] Dong X Z, Wang J, Shi S X, et al. Traveling wave based single-phase-to-ground protection method for power distribution system[J]. CSEE Journal of Power and Energy Systems, 2015, 1(2): 75-82.
[52] 李天友, 徐丙垠, 薛永端. 配电网高阻接地故障保护技术及其发展[J]. 供用电, 2018, 35(5): 2-6, 24.
[53] 詹启帆, 李天友, 蔡金锭. 配电网高阻接地故障检测技术综述[J]. 电气技术, 2017, 18(12): 1-7.

[54] 任伟, 薛永端, 徐丙垠, 等. 小电阻接地系统高阻接地故障纵联差动保护[J]. 电网技术, 2021, 45(8): 3276-3282.

[55] 杨帆, 刘鑫星, 沈煜, 等. 基于零序电流投影系数的小电阻接地系统高阻接地故障保护[J]. 电网技术, 2020, 44(3): 1128-1133.

[56] 叶远波, 黄太贵, 谢民, 等. 小电阻接地系统高阻和间歇性弧光接地故障继电保护研究[J]. 电网与清洁能源, 2021, 37(9): 9-17, 26.

[57] 周鹏, 刘伟博, 王交通, 等. 基于综合内积变换的小电阻接地系统高阻故障检测方法[J]. 电网与清洁能源, 2021, 37(9): 70-76.

[58] 曾晶. 配电网高阻接地故障诊断方法研究[D]. 长沙: 湖南大学, 2019.

[59] 盛亚如, 丛伟, 卜祥海, 等. 基于中性点电流与零序电流投影量差动的小电阻接地系统高阻接地故障判断方法[J]. 电力自动化设备, 2019, 39(3): 17-22, 29.

[60] 刘伟博. 中压配电网不同接地方式下高阻故障检测新方法研究[D]. 西安: 西安理工大学, 2023.

[61] Chen J Q, Li H F, Deng C J, et al. Detection of single-phase to ground faults in low-resistance grounded MV systems[J]. IEEE Transactions on Power Delivery, 2021, 36(3): 1499-1508.

[62] 潘本仁, 管廷龙, 桂小智, 等. 不接地系统高阻接地故障特征及选线适用性分析[J]. 电力系统及其自动化学报, 2017, 29(10): 52-59.

[63] 周封, 朱瑞, 王晨光, 等. 一种配电网高阻接地故障在线监测与辨识方法[J]. 仪器仪表学报, 2015, 36(3): 685-693.

[64] 黄涛, 陈禾. 中性点不接地系统高阻接地故障的特点及判别[J]. 广东电力, 2008, 21(10): 32-34.

[65] Gonzalez C, Tant J, Germain J G, et al. Directional, high-impedance fault detection in isolated neutral distribution grids[J]. IEEE Transactions on Power Delivery, 2018, 33(5): 2474-2483.

[66] Nikander A, Järventausta P. Identification of high-impedance earth faults in neutral isolated or compensated MV networks[J]. IEEE Transactions on Power Delivery, 2017, 32(3): 1187-1195.

[67] 伊国强, 吴泽文, 杨波, 等. 不对称度对消弧线圈系统高阻接地故障选线影响研究[J]. 电力学报, 2020, 35(5): 410-415, 456.

[68] 管廷龙, 薛永端, 徐丙垠. 基于故障相电压极化量的谐振接地系统高阻故障方向检测方法[J]. 电力系统保护与控制, 2020, 48(23): 73-81.

[69] 邵文权, 刘一欢, 程远, 等. 基于零序阻抗突变特征的谐振接地系统高阻接地故障选线方法[J]. 电力自动化设备, 2021, 41(11): 120-126.

[70] 陈筱薷, 薛永端, 王超, 等. 基于同步量测的谐振接地系统高阻接地故障区段暂态定位[J]. 电力系统自动化, 2016, 40(22): 93-99, 146.

[71] 韦明杰, 石访, 张恒旭, 等. 基于同步零序电流谐波群体比相的谐振接地系统高阻故障选线及区段定位方法[J]. 中国电机工程学报, 2021, 41(24): 8358-8372.

[72] 洪书文, 李悦, 周威, 等. 配电网经消弧接地系统不对称度对高阻接地故障选线影响研究[J]. 电瓷避雷器, 2021(1): 103-110.

[73] 薛永端, 李娟, 陈筱薷, 等. 谐振接地系统高阻接地故障暂态选线与过渡电阻辨识[J]. 中国电机工程学报, 2017, 37(17): 5037-5048, 5223.

[74] 王怡轩. 适用于高阻接地故障的谐振接地系统故障选线技术研究[D]. 济南: 山东大学, 2016.

[75] 洪书文. 小电流接地系统不对称度对高阻接地故障选线影响与解决措施研究[D]. 长沙: 长沙理工大学, 2019.

[76] 龙茹悦. 谐振接地系统单相高阻接地故障检测方法研究[D]. 长沙: 湖南大学, 2020.

[77] Xue Y D, Chen X R, Song H M, et al. Resonance analysis and faulty feeder identification of high-impedance faults in a resonant grounding system[J]. IEEE Transactions on Power Delivery, 2017, 32(3): 1545-1555.

[78] Wei M J, Zhang H X, Shi F, et al. Nonlinearity characteristic of high impedance fault at resonant distribution networks: Theoretical basis to identify the faulty feeder[J]. IEEE Transactions on Power Delivery, 2022, 37(2): 923-936.

[79] 蔡燕春, 董凯达, 张少凡, 等. 10 kV 配电线路高阻接地检测技术[J]. 广东电力, 2017, 30(10): 126-131.

[80] 许庆强, 许扬, 周栋骥, 等. 小电阻接地配电网线路保护单相高阻接地分析[J]. 电力系统自动化, 2010, 34(9): 91-94, 115.

[81] 刘宝稳, 曾祥君, 张慧芬, 等. 有源柔性接地配电网弧光高阻接地故障检测方法[J]. 中国电机工程学报, 2022, 42(11): 4001-4013.

[82] 张颖, 张宇雄, 容展鹏, 等. 基于中性点零序电流注入的高阻接地辨识方法[J]. 电力科学与技术学报, 2016, 31(3): 123-129.

[83] 赵海龙, 陈钦柱, 梁亚峰, 等. 一种小电流接地系统故障行波精确定位方法[J]. 电力系统保护与控制, 2019, 47(19): 85-93.

[84] Fulneček J, Mišák S. A simple method for tree fall detection on medium voltage overhead lines with covered conductors[J]. IEEE Transactions on Power Delivery, 2021, 36(3): 1411-1417.

[85] Gomes D P S, Ozansoy C, Ulhaq A. High-sensitivity vegetation high-impedance fault detection based on signal's high-frequency contents[J]. IEEE Transactions on Power Delivery, 2018, 33(3): 1398-1407.

[86] Zhang Z, Zhou X J, Wang X C, et al. Research on high-impedance fault diagnosis and location method for mesh topology constant current remote power supply system in cabled underwater information networks[J]. IEEE Access, 2019, 7: 88609-88621.

[87] 刘琨, 崔鑫, 王宾, 等. 配电线路经生物体高阻接地故障特性对比分析[J]. 电力系统保护与控制, 2021, 49(22): 67-74.

[88] 王宾, 崔鑫. 基于伏安特性动态轨迹的谐振接地系统弧光高阻接地故障检测方法[J]. 中国电机工程学报, 2021, 41(20): 6959-6968.

[89] 牛纯春, 陆晓东, 章琦, 等. 基于波形特征的小电阻接地配电网高阻接地故障分析[J]. 浙江电力, 2020, 39(11): 112-118.

[90] 邓国勋. 配网高阻接地故障伏安特性分析及检测[J]. 科技创新与应用, 2019, 9(30): 50-51.

[91] 王宾, 耿建昭, 董新洲. 配网高阻接地故障伏安特性分析及检测[J]. 中国电机工程学报, 2014, 34(22): 3815-3823.

[92] 王宾, 耿建昭, 董新洲. 基于介质击穿原理的配电线路高阻接地故障精确建模[J]. 电力系统自动化, 2014, 38(12): 62-66, 106.

[93] Wang B, Geng J Z, Dong X Z. High-impedance fault detection based on nonlinear voltage- current characteristic profile identification[J]. IEEE Transactions on Smart Grid, 2018, 9(4): 3783-3791.

[94] 郭霖徽, 刘亚东, 王鹏, 等. 基于相空间重构与平均电导特征的配电网单相接地故障辨识[J]. 电力系统自动化, 2019, 43(7): 192-198.

[95] 韦明杰, 石访, 张恒旭, 等. 基于零序电流波形区间斜率曲线的配电网高阻接地故障检测[J]. 电力系统自动化, 2020, 44(14): 164-171.

[96] Wei M J, Liu W S, Zhang H X, et al. Distortion-based detection of high impedance fault in distribution systems[J]. IEEE Transactions on Power Delivery, 2021, 36(3): 1603-1618.

[97] Wei M J, Liu W S, Shi F, et al. Distortion-controllable arc modeling for high impedance arc fault in the distribution network[J]. IEEE Transactions on Power Delivery, 2021, 36(1): 52-63.

[98] Wei M J, Shi F, Zhang H X, et al. High impedance arc fault detection based on the harmonic randomness and waveform distortion in the distribution system[J]. IEEE Transactions on Power Delivery, 2020, 35(2): 837-850.

[99] Bhandia R, de Jesus Chavez J, Cvetković M, et al. High impedance fault detection using advanced distortion detection technique[J]. IEEE Transactions on Power Delivery, 2020, 35(6): 2598-2611.

[100] 郑星炯. 基于支持向量机的配电线路高阻接地故障检测方法[J]. 电子设计工程, 2015, 23(14): 122-125.

[101] 陈民铀, 黄永, 瞿进乾. 配电网线路高阻故障识别方法[J]. 重庆大学学报, 2013, 36(9): 83-88.

[102] 陈振宁, 李勇汇, 彭辉, 等. 基于零序电压小波包能量比的配网单相高阻接地故障辨识分析[J]. 科学技术与工程, 2020, 20(20): 8202-8209.

[103] 韩笑, 罗维真, 王春蘅. 基于同步挤压小波变换的配电网单相高阻接地故障选线[J]. 科学技术与工程, 2019, 19(15): 150-156.

[104] 秦浩, 李天友, 薛永端, 等. 基于小波包分析的谐振接地系统高阻故障选线方法[J]. 供用电, 2018, 35(5): 14-18, 13.

[105] 郭谋发, 高源, 杨耿杰. 谐振接地系统暂态波形差异性识别法接地选线[J]. 电力自动化设备, 2014, 34(5): 59-66.

[106] Santos W C, Lopes F V, Brito N S D, et al. High-impedance fault identification on distribution networks[J]. IEEE Transactions on Power Delivery, 2017, 32(1): 23-32.

[107] Peng N, Ye K, Liang R, et al. Single-phase-to-earth faulty feeder detection in power distribution network based on amplitude ratio of zero-mode transients[J]. IEEE Access, 2019, 7: 117678-117691.

[108] Gao J, Wang X H, Wang X W, et al. A high-impedance fault detection method for distribution systems based on empirical wavelet transform and differential faulty energy[J]. IEEE Transactions on Smart Grid, 2022, 13(2): 900-912.

[109] 朱晓娟, 林圣, 张姝, 等. 基于小波能量矩的高阻接地故障检测方法[J]. 电力自动化设备, 2016, 36(12): 161-168.

[110] 曾荷清. 配电网高阻故障智能诊断研究[D]. 长沙: 长沙理工大学, 2019.

[111] 王时胜, 吴丽娜, 郭格. 基于 EMD 分解及相关分析法的配电网高阻接地故障定位[J]. 南昌大学学报(工科版), 2015, 37(2): 180-184.

[112] 刘洋, 赵艳雷, Nirmal Nair, 等. 基于同步量测全尺度能量的配电网高阻故障动态检测方法[J]. 电网技术, 2020, 44(8): 3073-3080.

[113] 肖启明, 郭谋发. 基于变分模态分解与图信号指标的配电网高阻接地故障识别算法[J]. 电气技术, 2021, 22(5): 50-55.

[114] 曾志辉, 肖宇. 基于变异系数与高阶累积量的小电流接地故障选线[J]. 电力系统保护与控制, 2020, 48(13): 99-109.

[115] 翟进乾. 配电线路在线故障识别与诊断方法研究[D]. 重庆: 重庆大学, 2012.

[116] 李震球, 王时胜, 吴丽娜. 一种谐振接地系统电弧高阻接地故障选线新方法及仿真[J]. 电力系统保护与控制, 2014, 42(17): 44-49.

[117] Song X H, Gao F, Chen Z N, et al. A negative selection algorithm-based identification framework for distribution network faults with high resistance[J]. IEEE Access, 2019, 7: 109363-109374.

[118] Mahela O P, Sharma J, Kumar B, et al. An algorithm for the protection of distribution feeders using the Stockwell and Hilbert transforms supported features[J]. CSEE Journal of Power and Energy Systems, 2021, 7(6): 1278-1288.

[119] Wang X W, Gao J, Wei X X, et al. High impedance fault detection method based on variational mode decomposition and teager- Kaiser energy operators for distribution network[J]. IEEE Transactions on Smart Grid, 2019, 10(6): 6041-6054.

[120] Xie L W, Luo L F, Li Y, et al. A traveling wave-based fault location method employing VMD-TEO for distribution network[J]. IEEE Transactions on Power Delivery, 2020, 35(4): 1987-1998.

[121] 林雨丰, 薛毓强, 高超. 基于多故障特征量提取的配电网单相接地故障类型识别[J]. 供用电, 2020, 37(6): 40-47.

[122] Kavi M, Mishra Y, Vilathgamuwa M D. High-impedance fault detection and classification in power system distribution networks using morphological fault detector algorithm[J]. IET Generation, Transmission & Distribution, 2018, 12(15): 3699-3710.

[123] Cui Q S, El-Arroudi K, Weng Y. A feature selection method for high impedance fault detection[J]. IEEE Transactions on Power Delivery, 2019, 34(3): 1203-1215.

[124] Lopes G N, Lacerda V A, Vieira J C M, et al. Analysis of signal processing techniques for high impedance fault detection in distribution systems[J]. IEEE Transactions on Power Delivery, 2021, 36(6): 3438-3447.

[125] 白浩, 李鹏, 袁智勇, 等. 人工智能在配电网高阻接地故障检测中的应用及展望[J]. 南方电网技术, 2019, 13(2): 34-44.

[126] Gu J C, Huang Z J, Wang J M, et al. High impedance fault detection in overhead distribution feeders using a DSP-based feeder terminal unit[J]. IEEE Transactions on Industry Applications, 2021, 57(1): 179-186.

[127] 张君琦. 配电网高阻接地故障智能识别方法研究[D]. 福州: 福州大学, 2018.

[128] 崔朴奕, 李国丽, 张倩, 等. 基于VMD-CNN的小电流接地系统故障电弧检测方法研究[J]. 电力系统保护与控制, 2021, 49(23): 18-25.

[129] Wang S Y, Dehghanian P. On the use of artificial intelligence for high impedance fault detection and electrical safety[J]. IEEE Transactions on Industry Applications, 2020, 56(6): 7208-7216.

[130] 陈霄. 基于改进深度置信网络的小电流接地系统单相接地故障选线研究[D]. 南京: 南京师范大学, 2021.

[131] 张君琦, 杨帆, 郭谋发. 配电网高阻接地故障时频特征 SVM 分类识别方法[J]. 电气技术, 2018, 19(3): 37-43.

[132] 温思成. 小电流单相接地故障选线方法的研究[D]. 西安: 西安理工大学, 2021.

[133] 李梦涵. 小电流系统单相接地故障选线方法研究[D]. 西安: 西安理工大学, 2021.

[134] Moloi K, Jordaan J A, Hamam Y. High impedance fault detection technique based on Discrete Wavelet Transform and support vector machine in power distribution networks[C]//2017 IEEE AFRICON. September 18-20, 2017, Cape Town, South Africa. IEEE, 2017: 9-14.

[135] Veerasamy V, Wahab N I A, Othman M L, et al. LSTM recurrent neural network classifier for high impedance fault detection in solar PV integrated power system[J]. IEEE Access, 2021, 9: 32672-32687.

[136] Chen K J, Hu J, Zhang Y, et al. Fault location in power distribution systems *via* deep graph convolutional networks[J]. IEEE Journal on Selected Areas in Communications, 2020, 38(1): 119-131.

[137] Sun H B, Kawano S, Nikovski D, et al. Distribution fault location using graph neural network with both node and link attributes[C]//2021 IEEE PES Innovative Smart Grid Technologies Europe (ISGT Europe). October 18-21, 2021, Espoo, Finland. IEEE, 2021: 1-6.

[138] 李佳玮，王小君，和敬涵，等. 基于图注意力网络的配电网故障定位方法[J]. 电网技术，2021, 45(6): 2113-2121.

[139] Cui Q S, Weng Y. Enhance high impedance fault detection and location accuracy *via* μPMUs[J]. IEEE Transactions on Smart Grid, 2020, 11(1): 797-809.

[140] 郝帅，张旭，马瑞泽，等. 基于改进 GoogLeNet 的小电流接地系统故障选线方法[J]. 电网技术，2022, 46(1): 361-368.

[141] 常宛露. 基于深度学习的单相接地故障选线方法研究[D]. 北京：华北电力大学, 2020.

后　记

本书针对配电网中故障的场景识别、检测、定位困难问题，以配电网数字化平台的建设和μPMU 等新型量测装置的发展为契机，从数据驱动的角度入手，结合故障多域特征及波形刻画，利用多配电网数据融合、数据-模型配合、数据-信息整合和数据-拓扑聚合探讨了适用于配电网故障诊断问题的人工智能解决方案，旨在提升新型配电网故障诊断水平，并通过测量数据与电气知识的有机结合突破数据驱动方法实际应用困难的瓶颈。

本书在解决配电网故障诊断问题与数据驱动方案有效应用方面取得了一定的进展，但受限于时间与精力，仍有以下方面需要完善和改进，有待在未来工作中进一步研究探索。①针对配电网故障诊断问题，有多种基于物理模型、数学变换等其他思路的解决方案，并各具优势，如何使不同思路、多种方式的故障诊断方法实现有机互补的相互配合，是实际应用过程中切实提升可行性、增强结果可靠性的关键环节。同时，本书所提方法主要适用于中压配电网场景，对于噪声和谐波污染严重的低压配电网高阻接地故障的适用性及改进方法有待进一步研究。②人工智能方法可解释性差的问题也是限制其工程实际应用的一大因素，如何有效提升模型可解释性在目前的机器学习领域和其他各应用领域中均为研究的热点和难点，但目前尚未有成熟的全面解决方案。本书所提方法虽然从数据-知识融合的角度增强了模型对具体场景和具体问题的针对性，一定程度上提升了模型本身的可解释性潜力，但如何进一步结合故障诊断问题特点、寻求模型可解释性问题的解决方法，是未来研究的一大重点。③受限于实际条件，本书所提方法仅能通过仿真与少量实际数据进行验证，由于实际情况的复杂性和数据驱动模型对数据数量与质量的依赖性，后续研究需进一步提升仿真的故障拟合水平并利用更多的实际数据进行验证和改进，增强模型的实际应用效果。